JN299032

環境配慮・地域特性を生かした
干潟造成法

中村 充・石川 公敏　編

恒星社厚生閣

執筆者一覧（＊は編集委員）

　＊石川公敏：環境アセスメント学会　副会長（元産業技術総合研究所）
　　上野成三：大成建設（株）技術センター　構造研究部研究員
　　勝井秀博：大成建設（株）技術センター　土木技術部長
　　鈴木輝明：愛知県水産試験場　漁場生産研究所所長
　　武内智行：（独）水産総合研究センター　水産工学研究所企画連連絡室長
　＊中村　充：福井県立大学　名誉教授
　　中村義治：（独）水産総合研究センター　水産工学研究所水産土木部長
　　日野明徳：東京大学大学院　農学生命科学研究科　生圏システム教授
　　古川恵太：国土交通省　国土技術政策総合研究所　海洋環境研究室長
　　松原雄平：鳥取大学　工学部教授

三番瀬

三番瀬航空写真

干潟に遊ぶ水鳥（新舞子）

干潟実験場

干潟石拾い

干潟造成状況

アサリ放流

出版にあたって

　干潟は世界中のどの海岸にも存在し，特に河川が流れ込む海岸の近傍にはよく見受けられる．わが国では，干潟を含む海岸域は，古代人が海岸近くに貝塚を残したり，古墳群を作ったりしたことでもわかるように，食料が得やすく，人間が生活しやすい場所であった．現在でも魚介類やノリのよい漁場であり，また一方では，埋め立てをすることによって住宅用地，農地，工業用地，リゾート用地などにもなり，浚渫や建設物によって漁港や港湾などに利用されてきている．すなわち，陸上からは一番近い海であって，利用しやすい場所でもあった．

　その干潟を含む海岸域は，わが国では昔から，食料増産・確保のための農地用として干拓などが行われてきたが，20世紀後半の，国の近代化や高度経済成長施策とともに，急速に工業用地，農地，宅地，ゴミ処分地，飛行場，港湾などに，埋め立てられたり浚渫されてきた．そこでは干潟の機能をそれほど重要視しないで，「干潟の価値」を沿岸の漁業者への「漁業権の買い上げ，補償費用」などとして置き換えて「開発」されて，今日に至っている．

　しかしながら，近年では1980年国連環境計画（UNEP）で出された「持続可能な発展」，その後の1992年リオデジャネイロでの「持続的な社会」のための行動計画，そしてわが国でも1996年の環境基本法の施行とともに，社会における「持続的な環境」への認識が深まってきた．つまり，「環境の時代」の到来とともに，政策や施策として都市近郊の沿岸の再生や環境への配慮を目指す事業，漁業生産の場の劣化を回復させるための施策，また，生物の多様性やラムサール条約の批准による，渡り鳥の休息地などとして，干潟の重要性が指摘されてきた．その後，施策としてまた事業として干潟の造成，藻場の造成などが，いろいろな場所で取り組まれてきている．

　周知のように，干潟には生物生産機能に加えて，生物生息，水質浄化，親水，景観などの機能がある．そのために，これらの機能を回復させることがとりもなおさず，自然再生への王道でもある．しかしながら，一度壊した環境を元に戻すには，十分な時間と経費がかかるとともに，これまでの科学的な知見の利用・活用が不可欠である．沿岸の自然の再生を目指す事業，干潟造成事業では，それぞれの干潟の機能を何処でどのように生かしながら，どのように干潟造成を進めていくかについて，まだまだ，環境への配慮が不足している．

　この本を出版するに際しては，（社）国際海洋科学技術協会の「河口・海岸域生態系委員会」に参加していただきまた討論に参加された方々に執筆していただいた原稿を元に編集委員で編集を進め，出版原稿とした．この本の出版目的は，干潟に関する事業担当者，干潟に関心のある市民，学生，NGOなどが「持続可能な社会」を目指すための，一つの道しるべ，またその参考となることである．

　そのために，記述内容は干潟造成のために必要な「干潟の機能の基礎的な知見」や「干潟造成の進め方」を解説的に記述した．序章では干潟の役割・機能の解説，第1章は干潟造成における

「干潟の基礎知識」，第2章は「干潟造成の指針」として，配慮や検討をすべき具体的な企画・計画，評価方法など，第3章は干潟造成の事例の紹介，を内容とする4章で構成している．

　なお，今回の出版に当りいろいろと御協力いただいた，（社）国際海洋科学技術協会，小長氏，猪口氏に厚く御礼申し上げるとともに，恒星社厚生閣の小浴氏らに御礼を申し上げます．

2006年12月吉日

編集担当（中村　充・石川公敏）

目　次

出版にあたって ……………………………………………………………………………… v

序章　干潟の役割と機能 ……………………………………………………………… 1
1　干潟・浅場の発達と働きの多元的機能 ………………………………………… 1
- 1・1　生物活動 ……………………………………………………………………… 4
- 1・2　好気的環境と嫌気的環境 …………………………………………………… 5

2　干潟・浅場を造る ………………………………………………………………… 6
- 2・1　干潟・浅場の管理 …………………………………………………………… 6
- 2・2　アメニティ環境 ……………………………………………………………… 7

第1章　干潟・浅場の基礎知識 ………………………………………………………… 5
1　干潟・浅場の物理的機能 ………………………………………………………… 9
- 1・1　干潟の発達，形成機構 ……………………………………………………… 9
- 1・2　干潟の水理 …………………………………………………………………… 10
- 1・3　干潟の造成のために ………………………………………………………… 15

2　干潟の生物生産機能 ……………………………………………………………… 16
- 2・1　干潟の環境変動 ……………………………………………………………… 16
- 2・2　干潟の堆積物の環境 ………………………………………………………… 20

3　生態系の保全・創造 ……………………………………………………………… 23
- 3・1　水圏生態系の特徴と干潟生態系 …………………………………………… 24
- 3・2　干潟における生物多様性の保全 …………………………………………… 26
- 3・3　干潟による他の生態系の保全と創造 ……………………………………… 29

4　干潟域の水質浄化機能 …………………………………………………………… 31
- 4・1　水質浄化機能の評価手法 …………………………………………………… 31
- 4・2　海域により異なる水質浄化機能 …………………………………………… 33
- 4・3　水質浄化機能の事例紹介 …………………………………………………… 38

5　アメニティ機能 …………………………………………………………………… 45
- 5・1　景観，磯の香り ……………………………………………………………… 45
- 5・2　ふれあいの場 ………………………………………………………………… 50

第2章　干潟の造成
1　事前の考慮 ……53
1・1　系の大きさ（時間と空間） ……54
1・2　生物多様性 ……54
1・3　環境への配慮 ……55

2　総合計画（設計・計画） ……61
2・1　干潟造成の目標の設定 ……62
2・2　造成の手順 ……65
2・3　干潟の管理 ……68

3　機能評価法 ……69
3・1　環境機能評価法 ……70
3・2　生物機能評価法 ……75

第3章　干潟造成の事例 ……95
1　東京湾：東京湾再生行動計画と干潟再生の具体化の検討事例 ……96
1・1　東京湾における干潟再生の上位計画としての東京湾再生行動計画 ……96
1・2　干潟再生の具体化の検討事例（東京湾奥部環境創造事業技術検討会の試み） ……101

2　三河湾：干潟域の水質浄化を活かす造成手法 ……105
2・1　三河湾とは ……105
2・2　修復の背景（水質悪化のスパイラル） ……105
2・3　干潟・浅場の修復 ……111
2・4　修復に関する今後の課題 ……115

3　英虞湾：浚渫ヘドロを用いた干潟再生実験 ……119
3・1　英虞湾再生プロジェクトの経緯 ……119
3・2　小規模干潟再生実験 ……119
3・3　大規模干潟再生実験 ……122
3・4　事後モニタリング ……124
3・5　干潟造成技術の課題 ……125

4　アサリ増殖場造成 ……125
4・1　計画手法の概要 ……126
4・2　土木的増殖手法の選定 ……127

  4・3 造成施設および工法の選定 ………………………………………………129
  4・4 造成による物理環境変化の予測 ……………………………………………132
  4・5 アサリ造成漁場の管理 ………………………………………………………135

ポイントの目次

 光合成 ……………………………………………………………………………………4
 食物連鎖 …………………………………………………………………………………5
 プランクトンの増殖 ……………………………………………………………………7
 人工干潟の例 ……………………………………………………………………………11
 酸化還元電位 ……………………………………………………………………………17
 干潟のベントスの成帯構造 ……………………………………………………………21
 干潟の栄養型 ……………………………………………………………………………23
 生態系のサブシステム …………………………………………………………………24
 生物多様性 ………………………………………………………………………………27
 浄化機能の定義 …………………………………………………………………………32
 景観評価法 ………………………………………………………………………………45

序章 干潟の役割と機能

1 干潟・浅場の発達と働きの多元的機能

　干潟・浅場は河口部に発達し，とくに内湾部で著しく発達する．洪水などで山間部や田畑から砂礫や泥などは河口付近に運ばれ，これが平常時の波などで広く散らばり，河口海岸は砂浜となり，また沖に流出した浮泥は上げ潮で沿岸に運ばれ，干潟・浅場を発達させる．

　干潟の環境は有機浮泥が多いので富栄養であり，また潮汐流や波で空気を混合吸収して溶存酸素の豊富な好気性環境となる．河川水は上げ潮，下げ潮の流れの繰り返しで海水と混合して多様な汽水域を作る．潮汐流は澪筋を作り，流速の大小の分布で底質の泥分含有量や粒度組成の多様な底質環境が作られる．

　このような多様な環境の中で，好気性バクテリアは有機泥を食べて環境を綺麗にしながら増殖する．増殖したバクテリアはカニ，エビや貝，ナマコ，ゴカイなどのベントス（底生動物）に食べられ，これらのベントスはベントス食性の魚介や鳥の餌となり，栄養段階の上位の動物に食物連鎖し，物質は循環する．貝類は人間にとって重要な食糧資源として漁獲されるとともに，潮干狩りとして海のレジャーの対象にもなっている．またバクテリアの分解した栄養塩は植物プランクトンに吸収されて増殖し，稚魚の餌場，保育場として優れた環境を作っている．

　他面，干潟は安全で人との係わりの最も多い海域であり，海の生態系を体験し学習する場でもある．そしてアメニティ機能の優れた海域である．アメニティとは快適性，景観，やすらぎといった精神的作用の優れた環境を指す．このように干潟には生態学的，水産学的，経済学的などの多元的な機能がある．

　図0・1に河口干潟の概要を示した．このように干潟・浅場は陸，海，気圏のエコトーン（生態系の移行帯）として多様な環境を作り，多様な生態系を育む重要な海域である．

　米の石高が経済基準であった江戸時代から盛んに新田開発が行われ，さらに江戸末期の

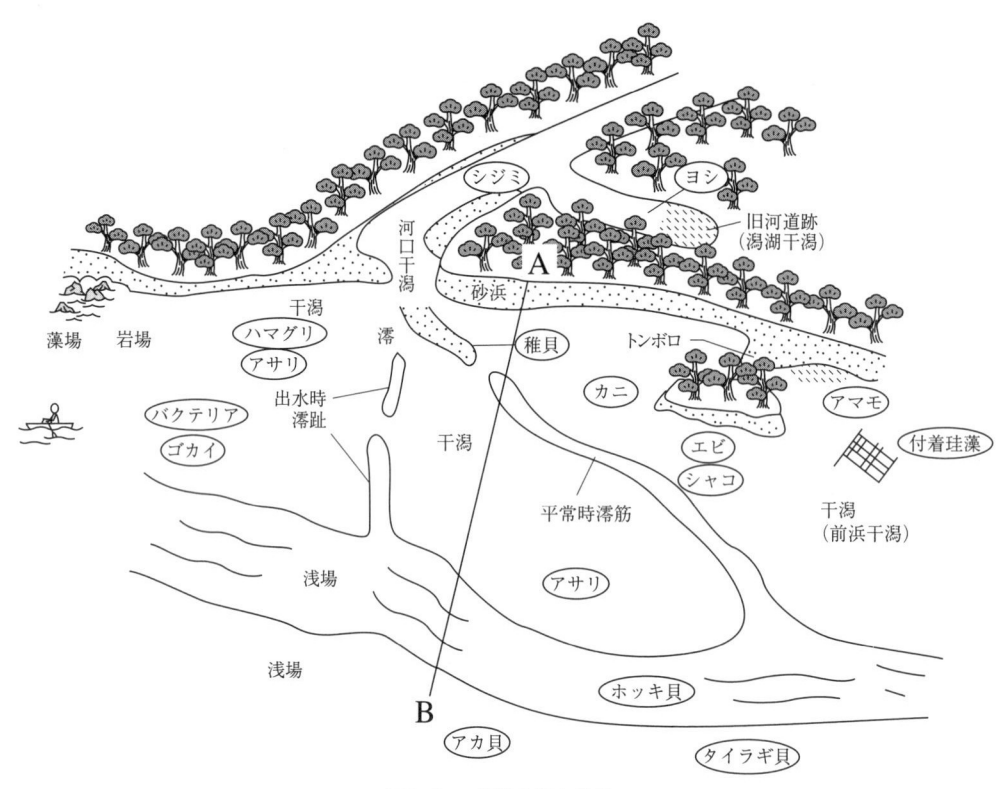

図0・1a　干潟の場と生物
A-Bラインの鉛直断面の概念図は図0・1b.

開国以来軍事基地，港湾として干潟・浅場の環境を変化させてきた．また，20世紀中頃からは国の経済成長を政策の中核としてきたことから，生活，情報，物流の機能に優れた立地条件を備えた海岸の開発が促進され，技術的・経済的に開発の容易な干潟・浅場，藻場が埋め立てられた[1]．

干潟，浅場は常に発達・変化する．有明海湾奥では，1年間に10 cmの土砂堆積の記録もあり，このため，洪水被害など治水上も干拓の必要性があった．近年の土地造成は港湾岸壁や航路といった必要性から，埋立地の前面は直立護岸で浅場がない．このため，浅場の発達は起こらず，淀みとなって海底はヘドロ化しているのが現状である．さらに浅場には，造成土地から工業排水，農業施肥の流出，家畜汚水，生活排水などが流れ込み，水質汚濁負荷の増大がもたらされている．このため，汚染負荷の軽減のために下水処理場が建設されている．下水処理場ではバクテリアの増殖によって，ほぼ40〜60％の有機負荷が除かれる．海に排出されるのは，分解されたおよそ40％の無機の栄養塩を含む排水である．この排水が内湾，内海に流れ込むと，すぐに植物プランクトンに吸収され有機物になり，死亡すると海底に堆積し海底の酸素を消費して，低層を貧酸素，無酸素環境にして生態環境を破壊することになる．さらに干潟・浅場にとって重要なこととして，わが国の河川の上流

序章 干潟の役割と機能 3

図中のラベル:
- B 潮上帯 (P.11〜13, P.30)
- 高潮線
- 潮間帯：高潮帯／中潮帯／低潮帯
- 水の運動
- 低潮線
- 潮下帯
- 風・光・温度
- 波
- アオサ
- A
- 流入負荷（栄養塩・土砂など）
- 塩性湿地
- 地下水浸出
- 澪筋
- 砂・泥、干潟 干出部
- 藻場 カジメ アマモ(P.42) アラメ
- 浅場
- 干潟 (P.23, P.63)

〈底生生物環境〉(P.21)
- マクロベントス
- 懸濁物食者
- 堆積物食者
- 付着珪藻
- アサリ 二枚貝
- メイオベントス 線虫
- 多毛類 線虫

〈光合成プロセス〉(P.4)
- 太陽光
- 水面
- クロロフィル a
- 植物プランクトン
- 栄養塩など (N, P, Si)
- 内部生産
- 好気性
- 光合成
  $nCO_2 + 2nH_2O \xrightarrow{光} n(CH_2O) + nO_2 + nH_2O$
- 好気的分解（デトリタス）
- 化学的反応 (P.32)
- N_2 脱窒
- 嫌気的光合成（バクテリア）
- 硫酸塩還元
- メタン発生
- 嫌気性

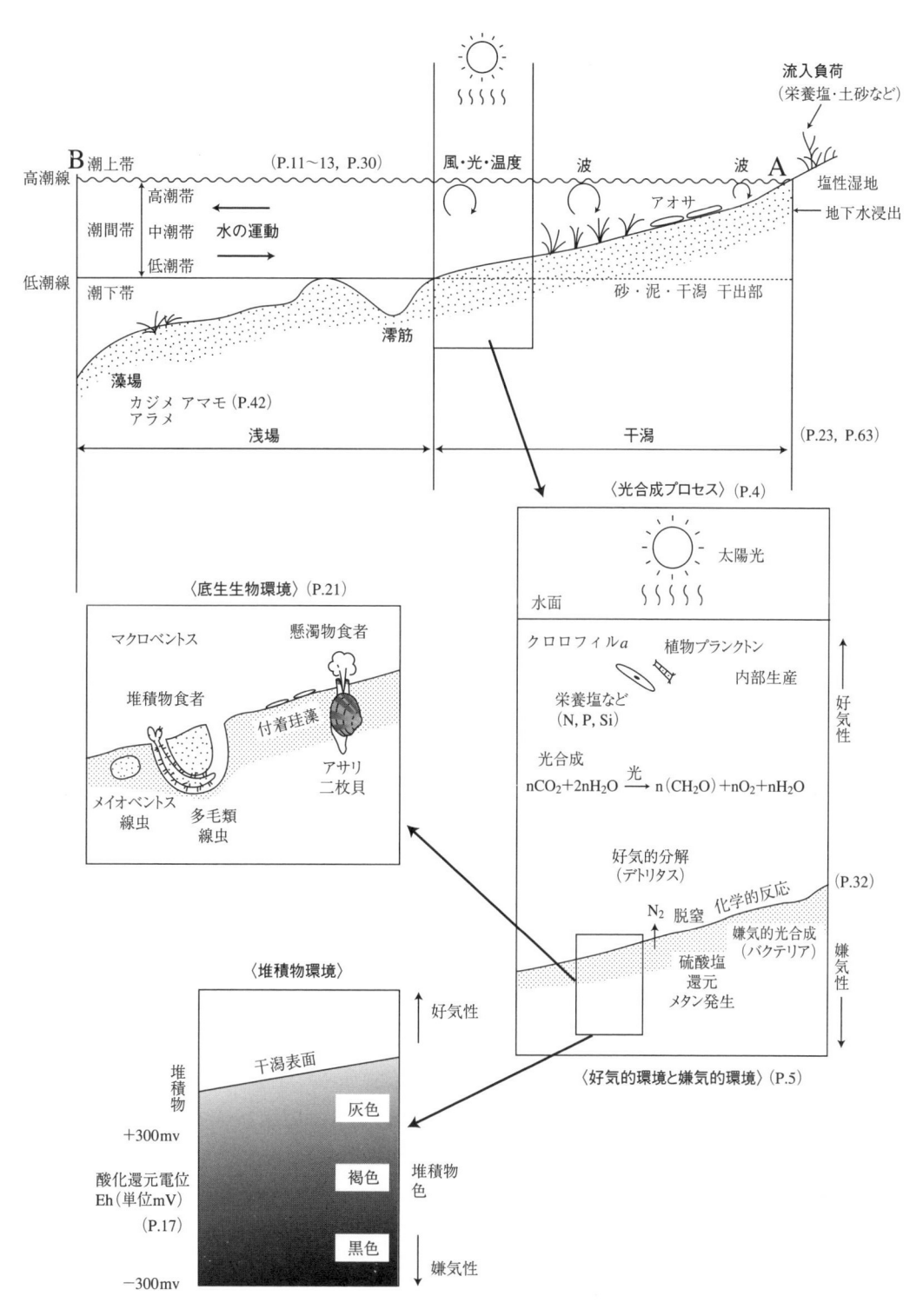

〈好気的環境と嫌気的環境〉(P.5)

〈堆積物環境〉
- 干潟表面
- 堆積物
- +300mv
- 酸化還元電位 Eh（単位mV）(P.17)
- −300mv
- 灰色／褐色／黒色
- 堆積物色
- 好気性／嫌気性

図 0·1b 干潟の生物生産過程の模式図
（ ）内ページ数は，本文での主な記述箇所を示す

部にはいくつものダムがあるため，上流から下流への土砂供給がなくなってきたことがあげられる．

1・1　生物活動

植物は有機物を作る生産者といい，図0・1bの光合成過程では植物の葉の中にある葉緑体中のクロロフィルという組織が，二酸化炭素と水を原料とし，太陽光をエネルギーとして炭水化物を作る．生物生産過程における物質の流れ，エネルギーの吸収，消費の流れが生物生産の始まりである．

> **ポイント**
>
> 光合成
> $$nCO_2 + 2nH_2O \xrightarrow{\text{光}} n(CH_2O) + nO_2 + nH_2O$$
>
> 　炭素（C）を燃やす（酸化，O_2と化合する）と熱やエネルギーを出して二酸化炭素（CO_2）となる．逆に，クロロフィルはCO_2をCとO_2に光エネルギーを用いて分解し，Cは水（H_2O）と水和して炭水化物（CH_2O）となり，O_2を出す．炭水化物はブドウ糖（$C_6H_{12}O_6$）などで，生命活動のエネルギー源である．成長・増殖過程では遺伝子の指令で，酵素が触媒となって炭水化物を酸化してエネルギーを取り出し，生体元素を吸収して成長，増殖し，酸化のためのO_2は呼吸によって吸収する．光合成のときに出すO_2と呼吸で吸収，消費するO_2の量が等しいときは，光合成により取り入れたエネルギーと生命活動で消費したエネルギーが等しい状態，つまりこのとき植物は増殖も減少もしない状況で，生産と消費が釣り合った状態である．この光合成のときの光の強さを補償光度という．補償光度より光が強いときに植物は増殖するが，光飽和に達すると光合成量は最大となり，これより光が強くなると強光障害を生じる．海では補償光度となる水深を補償深度といい，補償深度より浅い層を有光層という．補償深度は透明度深（直径30 cmの白色セッキー板を海中に吊し，見えなくなる水深）の約2.5倍である．

付着珪藻の働きも干潟・浅場の特徴の1つである．付着珪藻は砂泥表面に薄く張り付いて光合成を行い，このエネルギーを呼吸で取り出して成長し，また細胞外有機物を分泌する．細胞外有機分泌物は成長量とほぼ同じ量で，光合成エネルギーの40％程度とみられる．珪藻は固い珪酸の殻をもち餌として劣っているのに対し，その有機分泌物は溶存態，粒状態，多糖類でバクテリア他のよい餌にもなり，また，微小生物の隠れ家としても利用される．例えば，着底期のクルマエビの稚エビ（体長1 cm）は潜砂出来ずに付着珪藻に張り付いて隠れている．干潟・浅場では波・流れで漂砂，流砂が起こるが，付着珪藻の生えた底面では限界掃流力の値が大きく，生えていない場合のほぼ3倍になり，漂砂，流砂が起こりにくくなる．珪藻は光合成で酸素を出すので，これが珪藻に付着し軽くなって剥離し流亡することもある．

> **ポイント**
>
> **食物連鎖**
>
> 　動物やバクテリアは有機物を自分で作らず，有機物を食べて生息するため，消費者という．特に，微生物は有機物を最終的に食べて無機物に分解するので分解者という．動物は植物を食べる植食性動物 (Herbivorous animal)，これを食べる肉食性動物 (Carnivorous animal)，雑食性 (Omnivorous) に区分され，どちらも酸素呼吸で食べた炭水化物を酸化してエネルギーを得ている．植物，動物の死骸や分泌・排泄物を分解する微生物はバクテリアとカビに大別される．微生物も酸素呼吸でエネルギーを得ている．ここで分解され無機化された生体元素（N，Pなど）は，再び植物に吸収，利用される．下水処理場の水槽でも，気泡で酸素を供給しながら好気性バクテリアが有機物を食べて分解し，増殖するが，これは活性汚泥として焼却または肥料などに利用される．
>
> 　このように，植物による有機物生産から捕食，排泄，分泌，死亡，分解にいたる物質循環を食物連鎖という．光合成で取り込んだ太陽光エネルギーは，生命活動を行うのに用いられ，食物連鎖を駆動する．これを生物エネルギーの流れという．このエネルギーは熱として消費され循環しない．

1・2　好気的環境と嫌気的環境

　干潟・浅場は，殆どすべての生物に必要な好気的環境が維持され，また有機浮泥を集める機能のある富栄養の場でもある．図0・1b下に干潟の好気的環境と嫌気的環境の概念図を示す．

　好気的環境の維持には汚濁負荷の累積のない物質循環が必要である．干潟・浅場・藻場は最も浄化力の優れた海域である．湾の面積に占める干潟・浅場・藻場の割合を干潟率と呼べば，有明海は12.2％，伊勢湾8％，三河湾2.6％，東京湾1.6％，大阪湾1％未満である．干潟・浅場の浄化力に加えて，湾の水質環境改善に，潮汐干満差，内部潮汐，潮流，密度流，内部波，重力循環（河口循環を含む）などの自然エネルギーを用いる．地形改造や地形性構造物（導流堤，湧昇流堤など）によって，海水交換の向上，淀み域の解消，鉛直混合の促進などに有効なように活性化して湾全域の環境保全，改良に用いることを計画する．特に低層に貧酸素，無酸素水域の発生は防がなければならない．

　好気性バクテリアは有機物を盛んに分解して環境を浄化する．分解された栄養塩は付着珪藻や植物プランクトン，海藻に吸収され魚介類の餌場として，特に稚魚の保育場として優れた環境を作る．バクテリアは有機物を分解しつつ増殖し，増殖したバクテリアは堆積物食性生物などに捕食され，さらに大型生物へと食物連鎖される．ごく一部の嫌気性バクテリアを除きすべての生物は酸素を呼吸するので，好気的環境は食物連鎖の必須の環境条件である．しかし，砂泥の中は酸素の供給が少なく，嫌気性環境になるとここでは硝化細菌が硝酸基の酸素を還元して取り入れるため，分離された窒素ガスを出す．これを脱窒反

応という．脱窒反応は有機窒素の分解浄化作用として大切な機能である．さらに深い地中ではマンガン還元，鉄還元，硫酸還元，メタン発酵（炭酸還元）などがある．

干潟では底生動物（ベントス）の働きも重要である．底生動物には二枚貝のように水管を出してプランクトンや有機懸濁物を呼吸と同時に捕食する懸濁物食者，またゴカイ，巻き貝，カニなどのように堆積物の餌を集めて捕食する堆積物食者があり，アサリやハマグリは食料としても重要な漁業資源である．またこれら二枚貝は懸濁物を濾水摂食することで水質浄化の働きをする．二枚貝の濾水量は極めて大きく，内湾の水質保全に大きな作用をしている．例えば，有明海はかつて10万トンの二枚貝生産があり，この貝による濾水量は有明海の全水量を約10日で濾水してしまう量である．実用上の赤潮対策としては，海水交換による富栄養防止とともに，二枚貝の増殖場造成は最良の策の1つである．その他，ゴカイ，シャコ，ナマコ，エビ，ボラなどは堆積物やその中のバクテリアを摂食して食物連鎖を盛んにし，干潟生態系の保全に役立っている．

2 干潟・浅場を造る

2・1 干潟・浅場の管理

人工の干潟・浅場は波，流れの作用で地形変化や底質変化を起こしやすく，また，生物相は遷移する．これらのことは設計時に配慮しなければならないが，干潟は季節風や台風などその影響を受けやすく，生物相も遷移しやすいので，管理が必要である．そのために管理者，管理費をどうするか，あらかじめ計画しておくことが必要である．

干潟・浅場を望ましい環境に維持するために，干潟造成の事前および事後モニタリングの実施と，この情報による環境の改良保全と利用における便宜供与なども望ましいことである．モニタリングは目視や精密調査などを組み合わせて行う．日常は目視など簡易観測，必要に応じて精密調査を取り混ぜ，データベースとして整理する．環境の管理システムは海域の管理者，利用者，地域住民など広く関係者の参画による運用が望ましい．

干潟・浅場の消失の進んだ今日，再び干潟環境を再生しようという関心が高まっている．なぜ今，人工干潟が必要なのか．干潟を造ることの目標は「干潟の持つ多元的な機能を生かすこと」が目標である．例えば，漁業では二枚貝生産のための人工干潟の造成が行われている．この目的は明らかで，採貝漁場を作ることである．したがって投資効率も受益者も，利用，管理もはっきりした基準が決められて事業が行われている．自然環境再生のためにも，どのような環境再生を目指すのか，そのための投資は，管理はといった問題をきちんとした計画にしなければならない．

海水は常に流動し，局所の環境変化は広域の環境変化に連動している．特に干潟・浅場の発達する内湾，内海，入り江ではその環境変化が沿岸海域全体に影響し，そのため干潟・浅場の計画も湾など関係海域全体の総合管理計画が必要になる．海域環境の最大の目標は好気的環境を維持することである．

一般に，COD（化学的酸素要求量），BOD（生物化学的酸素要求量）が重要な有機汚濁の環境指標として用いられている．これを汚濁指標として用いるのは，海域に存在する有機物を分解するのに必要な酸素が水中から奪われ，貧酸素，無酸素環境になりやすさを知るためである．したがって，溶存酸素の供給の十分な環境ではCOD，BODが小さく豊かな生態系が期待される．

> **ポイント**
>
> **プランクトンの増殖**
>
> プランクトンの増殖は二枚貝などによる濾水による浄化やプランクトン食性魚により利用される．ノリ，ワカメなど海藻養殖による栄養塩のとり込みや，藻場造成によって豊かな生態系による円滑な食物連鎖を作り，それらの環境を持続することが望ましい．
>
> このような，豊かな生態系をもつ環境を作るために，干潟・浅場の造成や，海水の流動，交流，交換制御を計画する．海域環境の総合管理計画は物理環境の改良によって生物環境の改善を図り，物理的浄化と生物的浄化の相乗効果を図ることが必要である．
>
> COD負荷の浄化を考える際に干潟・浅場は大きな条件である．COD負荷は湾に流入する外部負荷と，沈殿有機物の再浮揚やプランクトンの死骸や細胞外有機分泌物など，湾内で生産される内部負荷がある．図0・1bに見るように，干潟・浅場は湾内の有機懸濁物を寄せ集めて堆積する潮汐の機構がある．ここに集められた有機物は干潟・浅場のバクテリアによって摂食分解される．この分解量は二次処理下水場に匹敵する．いま干潟条件が水温25℃，強熱減量0.05，溶存酸素濃度7g/m^3のとき，この干潟・浅場の酸素消費速度は1.19g O_2/m^2/日で，1haでは11.9g O_2/m^3/日で生活下水基本原単位をCOD 31.19g O_2/人/日とすると，実に380人の下水処理に相当する．
>
> 貝などベントスによる濾水浄化も環境再生の大きな条件である．二枚貝は水管を出して呼吸するとともに懸濁物を濾過摂餌する．これによってプランクトンや有機懸濁物は摂取され粘土などは擬糞として排出する．濾水量や呼吸量は多く調べられている．例えば，個体重5gのアサリの濾水量は20℃のとき0.45l/時で，このアサリが1m^2に200個生息している干潟では，1日当たり2,160lで，5.4人分の使用水を濾水浄化する．海の汚染の象徴である赤潮被害は依然としてなくならない．二枚貝による濾水は赤潮対策他，海域浄化に大いに役立つ．

2・2 アメニティ環境

河口，砂浜，干潟，これに繋がる磯，陸側には砂丘，植生，林，これらは生態系におけるエコトーンであるが，人にとってもこのような多様な環境は優れたアメニティ環境であ

る．そこは，優れた眺望，磯の香の中の散策，またビーチ・スポーツ，磯遊び，潮干狩り，そのほか地域ごとに様々な工夫がなされ，人と海のふれあいの場である．したがって，内陸とのアクセス路の計画も必要である．人々が海と親しむ環境を作ることは，生活を豊かにするとともに環境学習にも役立ち，今まで遠ざかっていた人と海を近づける．

（中村　充・石川公敏）

文　献

1) 石川公敏：埋立による海域環境の変化，月刊海洋，**33** (12), 857-863 (2001).

第1章 干潟・浅場の基礎知識

1 干潟・浅場の物理的機能

1・1 干潟の発達，形成機構

わが国では干潟・浅場は内湾，内海の河口に多く存在する．そこは河川から搬出された土砂礫の堆積と海の波と潮汐および風による作用で砂浜，干潟・浅場を作る．

波による作用は，海岸線の形状や砂浜勾配，前面の海底勾配の形成に関係する（図1・1）．

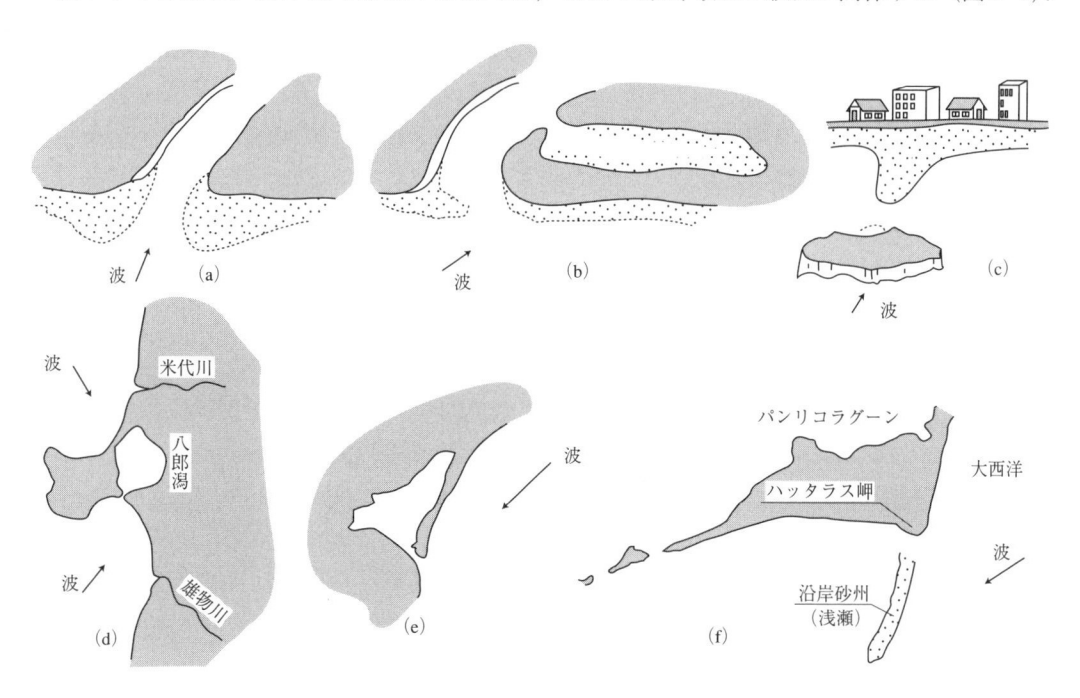

図1・1 波作用による海岸形

(a) 河口に発達した砂浜河口干潟
(b) 過去に波で河口が蛇行し，これが発達し過ぎて出水時にショートカットして新河道が作られ，蛇行部は感潮潟湖として残ったもの，潟湖干潟．
(c) 砂浜海岸の沖合に島があるとき，島の回り込んだ回析波によって島の背後に砂が集められ浅場あるいは陸継島（この砂の張り出しをトンボロといいます．北海道の霧多布や神奈川県の江ノ島など）．
(d) 島の背後に二重トンボロができ，その間に海蹟湖のできた例，潟湖干潟（秋田県八郎潟は男鹿半島の先端が島であったとき，南側の雄物川，北側の米代川河口から搬出された土砂が，南寄りの波と北寄りの波が作る二重トンボロで八郎潟）．
(e) サンドスピット（砂嘴）と呼ばれる地形で，砂浜に斜めに波が来るとき，砂は波の入射と反対方向に移動し，海岸線に入りこみがあるときその曲がり角で砂が沈殿し，次第に張り出して背後に海蹟湖を作る（天橋立，サロマ湖）．
(f) 沿岸砂州が発達し背後に感潮湖・塩性湿原のできる場合（アメリカ東海岸の広大なラグーン）．

　潮汐の作用は，出水時に沖に流れ出た砂泥，懸濁物を再び岸の浅場に運んで干潟・浅場を発達させる．

　干潟を発達させる原理は潮汐運動による渦作用による．上げ潮時に，湾口の早い流入水は湾内の滞流水や海底，海岸の摩擦によって発生する大きな速度勾配で渦が発生し，砂泥，懸濁物を浮揚し，この渦は湾奥まで消えることなく，砂泥，懸濁物を湾奥の干潟・浅場まで運ぶ．下げ潮に転流するとき，浅場の海底抵抗によって流れは止まり（憩流という）渦なしとなる．渦なしから発生する湾奥浅場の下げ潮は，渦なしの流れで砂泥の浮揚力は消え，砂泥，懸濁物を沈殿し，干潟・浅場を発達させる．したがって干満差の大きい湾ほど干潟の発達が盛んで，日本では有明海が大きな干満差で広大な干潟・浅場が発達している．

1・2 干潟の水理

　干潟上の水の動きは，河川からの淡水流出，河道内の感潮水域への潮汐流，干潟・浅場上の潮汐流，波による波浪流などによって澪筋を作り，多様な流れとなる．この流れ，波によって，粒度組成や含泥率の多様な底質状況，形態を作っている．

(1) 干潟の潮汐流

　河口，干潟域の潮汐流は図1・2に示すように，潮位の変化が干潟および河口内に水平に伝わる時に水の流れができる．この三角形の水の断面をタイダルプリズムという．黄河河口やアマゾン河口，わが国では有明海の大潮時のように，干潟や河道感潮域が広大で上げ潮水位上昇速度が大きいとき，上げ潮の前線は津波のような砕け波となって上流に伝わる

（タイダルボアー）．干潟では平面（二次元）的には流れやすいところに澪筋ができる．干潟造成ではあらかじめ合理的に澪筋を計画配置しておくことが必要である．澪筋の縁辺部は底面が綺麗で，浮遊幼生の通過も多いので稚貝の着底環境として適している．

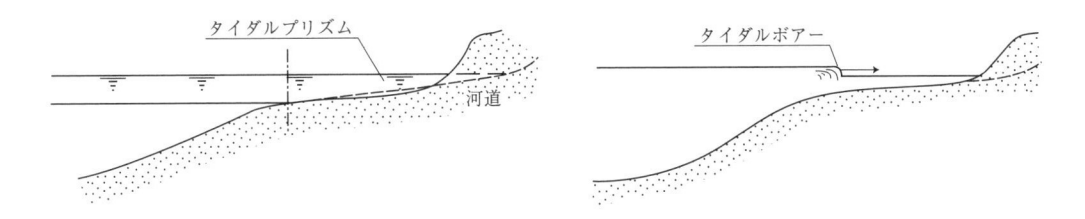

図1・2　干潟・河口におけるタイダルプリズム，タイダルボアー

ポイント

人工干潟の例

　図1・3は愛知県渥美半島先端付近の福江入り江に造ったアサリ増殖用人工干潟である．ここは，三河湾口からの外洋波と湾奥からの波で砂嘴が発達し，この砂嘴を均して干潟を造成したものである．入り江の奥に向かう溝は澪筋であり，これに直角の溝は作業用航路を兼ねた沈泥溝である．沈泥溝は干潟上の波流れで泥を巻き上げ，この溝に沈殿させ干潟面が泥面にならないようにする．

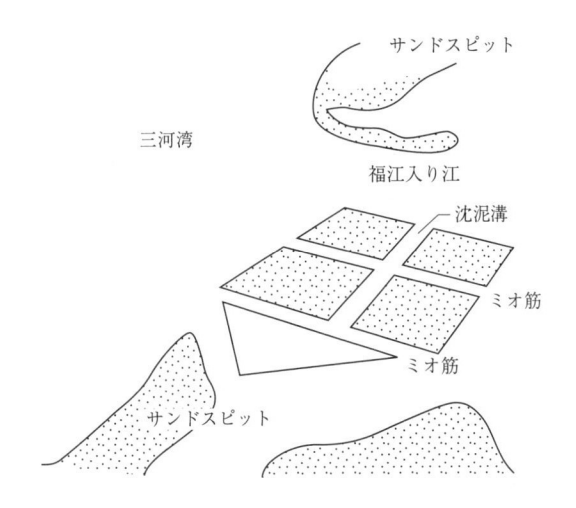

図1・3　アサリ増殖場（愛知県三河湾福江入り江）

　図1・4は大分県豊前海桂川河口干潟に造成した二枚貝造成干潟である．干潟の中ほどの地盤高の位置に，図示のようなハの字型の低い（50 cm以下）石積導流堤を作り，上げ潮，下げ潮の流れを狭窄して澪を洗屈し，背後に循環流を作って細砂を集め，稚貝の着底環境を作った．循環流や渦部

に稚貝の沈着が多いことは経験的に知られている．干潟上の泥を巻き上げ，その泥を沈降させるために，海岸堤防沿いには沈泥溝を設けた．

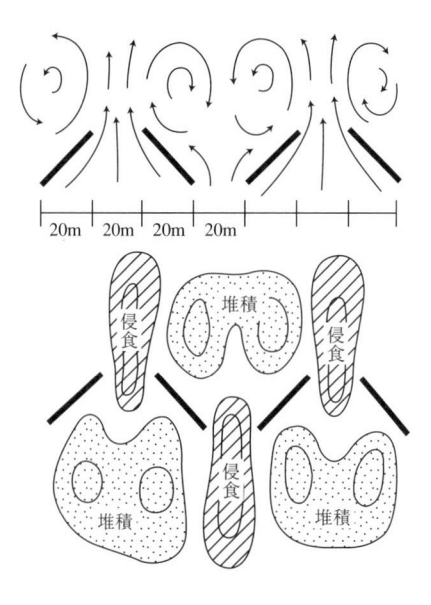

図1・4　低い導流堤による流線と干潟の浸食堆積（二枚貝用循環流作澪工）

(2) 干潟上の波

海の波は深さによって，深海波，浅海波，極浅海波（長波とも言う）に分ける．波の峰と峰との間を波長（L）で表す．図1・5に示すように，深海波は半波長（L/2）より深い海の波で，水粒子（水分子と区別するため）の運動軌跡は円となり，その大きさは表面で最大に，半波長の深さで消える．浅海波は半波長より浅い海の波で，海底に波運動が伝わり，海底の影響で水粒子運動は楕円形となり，さらにこの楕円は閉じず波の進行方向に水が動き，波浪流を生じる．L/25以下の浅い海の波を極浅海波と呼び，大きな波浪流を生じる．浅海波領域で海底が砂の時には漂砂を生じる．干潟上の波は極浅海波で図1・6のように，波浪流で水位が上昇し堆積水位を生じる．この水位は干潟のような浅い緩い勾配では数十cmたまり，この水は澪筋を通って沖へ戻り，図1・7に示すような干潟上の循環流となる．これは干潟の特徴的水理現象である．

(3) 干潟上の海水交換と浮遊幼生の分散

干潟・浅場上の海水交換は貝の浮遊幼生や懸濁物質の分散に係わり，この特性は干潟・浅場の重要な環境特性である．二枚貝の生息場としては，浮遊幼生が着底し稚貝として生

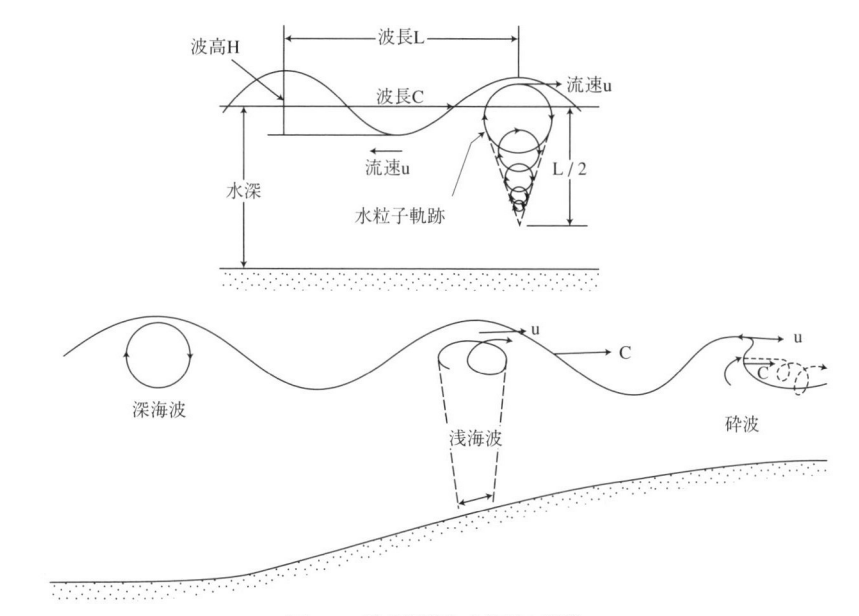

図1・5　波の運動と水粒子の運動

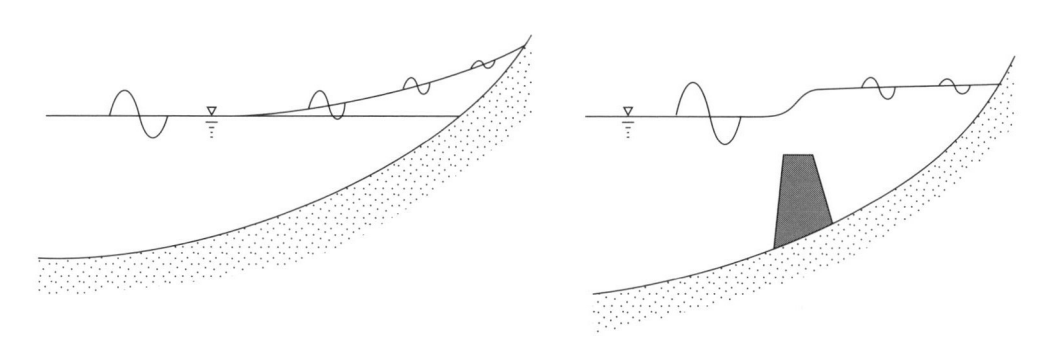

図1・6　波による水位上昇

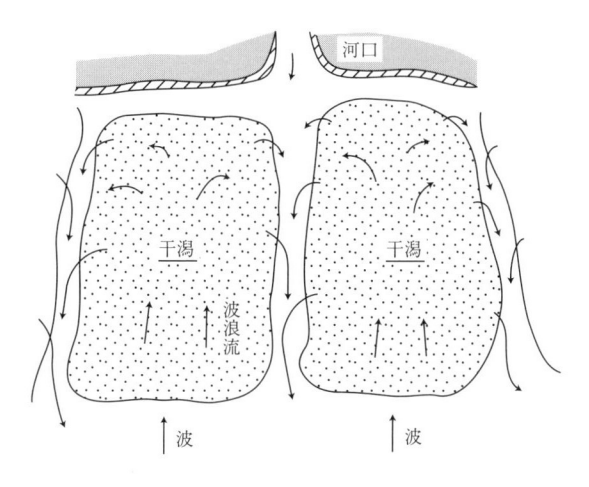

図1・7　干潟の波による循環流

息することが必要条件である．二枚貝の浮遊期はほぼ3週間であるので，この間に流失することなく干潟に着底しなければならない．この二枚貝の漁場形成には次の2つの場合が予測される．

その1つは，産卵された干潟に再び着底する場合で，この計算は母貝からの産卵量を求め，干潟上の海水中の卵や幼生が潮の満ち引きで出入りし，着底期の幼生がどれだけ沈着し稚貝となるかを求める．この計算は干潟上の海水交換速度による希釈過程と，その間の死亡や捕食を考慮して求められる．特に産卵期の浮遊幼生濃度の実測値があれば，干潟の水の海水交換や死亡率などを直接与えずとも，精度よく計算することができる．アサリやハマグリなどの二枚貝漁場が河口や入り江に形成されるのは，浮遊幼生が上げ潮・下げ潮で河道内や入り江に流入流出して，遠くに流失されずに生まれた干潟に着底できるのも条件の1つである．

その2は，産卵母貝が遠く離れた別の干潟にあり，卵，浮遊幼生が潮の流れに乗って，この干潟に到達し沈着する場合である．この場合には母貝団地が別の場所にあるので，ここが埋め立てられたり，母貝の生息ができないようになれば，離れているこの干潟の貝の生産がなくなってしまう．
（この計算は母貝の生息干潟，当該造成干潟を含む海域の水理（数値）シミュレーションで検討できる．これら干潟の役割は干潟生態系の所で詳述する．）

（4）流速と底質

干潟の形状は潮汐流の強弱，河口流の大きさ，波の作用によっていろいろと異なり，時として澪筋が作られ，砂堆ができたり，サンドウエーブがでる．この作用によって，底質の多様性が生れる．

澪筋は流速が速いので砂の粒径が大きく，特に澪の側面や澪に近い干潟面は泥の少ない砂面となる．河口の澪の分岐箇所では砂堆が作られ，これらの砂面は固まることなく動きながら釣り合っていて，泥の少ない柔らかな砂面となる．そして稚貝のよい生息場となっている．

サンドウエーブは波の入射波と反射波の重なる場所や，方向の異なる流れが出会う場所などにできる数mから十数mの砂の波形である．風紋のような数cmから十数cmの波長の砂面は砂漣（サンドリップル）といい，漂砂移動の大きい海底で起こる．

砂の動きの少ない場所では付着珪藻で覆われ，微生物，微小生物の住みかとなる．付着珪藻の細胞外分泌物は藻体とほぼ同量分泌され，ベントスなどの優れた餌として干潟生態系を作っている．

流れと砂の粒径との関係は図1・8で示される．図の縦軸 U_c は，限界摩擦速度といい，この流速で粒径dの砂が動き出す．摩擦速度U（m/秒）と平均速度u（m/秒）との関係は

$$U = ng^{1/2}u / D^{1/6}$$

ここにDは水深（m），nはマニングの粗度係数，干潟では0.03程度である．前述の図1・4は低い導流堤で流れを集め，流速を3倍にしているので砂の掃流力は9倍になり，潮汐流による浸食澪や低潜堤の背後の循環流や砂堆を作る．

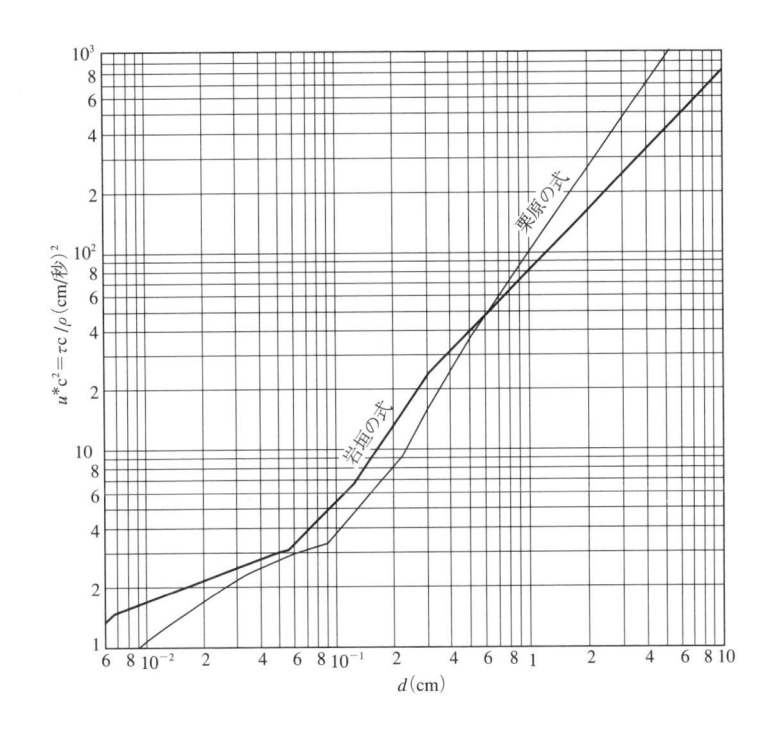

図1・8 限界掃流力と粒径との関係

1・3 干潟の造成のために

干潟の造成改良についての必要条件としては以下の観点が重要である．

① 有機浮泥などの集積機構があり，富栄養環境が維持されるような干潟構造，貝など対象生物の生息水深を維持するために，干潟の切り盛りや，干潟斜面の勾配を調整する．この勾配は海域の特性によって異なるが，有機浮泥の集積機構があること，波による平衡勾配より緩やかであることが必要である．この値は最大1/30で，これより緩やかであることが必要である．

② 粘土鉱物などの過剰な堆積が起こらないこと．含泥量は仔貝，稚貝の着底生息場は5％以下，成貝では30％以下になるように沈泥溝などを配置する．

③ 干潟場の環流や稚貝着底環境を作るための澪筋工や循環流工を配置する工夫する．

④ 干潟面や潮溜まりの温度を30℃（限界温度35℃）以下に維持するよう，干出時間を

考慮して干潟面の高さを調整する．

⑤卵，浮遊幼生が計画干潟に着底するまでの間，流失，拡散しないように再生産機構を維持する産卵場，着底場の流動条件を計画する．

(中村　充)

2　干潟の生物生産機能

　干潟の生物生産機能を理解するためには，ポイントの1つとして干潟の形成と場所が重要である．

　干潟は，満潮時には海面下に沈み，干潮時には海面上に現れる主として砂泥，或いは粘土質から成る平坦な海岸の名称である．図1・1には海岸の一般的な干潟を示した．また序章で示したように，一般的には干潟のある場所は形成要因からわかるように流れの小さい海岸にあり，干潟ができる場所によって，前浜干潟，河口干潟，潟湖干潟に区分される[1]．干潟の堆積物の組成は主として砂，泥，砂泥，或いは，礫が混じっている堆積物などからできている．一般に干潟は大きくは泥質干潟，砂質干潟に分けられる．また，干潟の中には塩性湿地を形成していることもある．

　よって，干潟の生物生産機能を評価するには，対象とする干潟の存在場所によって，その評価項目の重みが異なってくる．すなわち，干潟の地形と場所による環境（堆積物と生物）の違いが，干潟の生態系の機能の違いにあることを意味するので，干潟の現況の環境を理解することから始まる（干潟の概念は序章を参考）．

2・1　干潟の環境変動

　わが国では，干潟が存在する場所は重要な生態学的な意味をもつ．わが国は，北海道（亜寒帯）から沖縄（亜熱帯）までの広い緯度に存在するために，それぞれの生態系の違いが大きい．そのことは，日射，気温，水温，生物種などに違いがあり，干潟の機能にも大きな違いをもたらす．さらに，その場所の違いが，渡り鳥などにとって重要な位置ともなっている．

　干潟は，潮汐，日射などの物理的な外的な周期変動要因によって，干潟域の環境要因も周期的に大きく変化する．

　つぎに，河口近くでは，河川から，或いは農地から流入する土砂などの堆積物，栄養塩（栄養負荷）などの影響が生じる．地域によっては，工場排水や生活排水の影響もある．

　潮汐，日射，土砂，栄養塩などの変化に伴い大きく変化する干潟の環境要因として以下のような因子がある．

①干潟域・干潟地中の水温，
②干潟表面水の水質（塩分，栄養塩），間隙水の水質（栄養塩），
③堆積物の底質（硫化物，酸化還元電位，酸素）
これらの変化がそこの好気的あるいは嫌気的な環境をつくる．

(1) 干潟の温度，酸化還元電位

干潟の生態系に関係する条件に，温度，底質の有機物量，酸素量などがある．

冠水時の干潟では温度は小幅な変動であるが，干潮時には干潟面や潮溜まりの温度変化が大きく，干潮時に干潟に生息する生物にとって大きな生存条件となる．生息限界温度は生物種によって異なるが，アサリ，ハマグリなどの二枚貝では35℃以下で30℃以下が良好環境といえる．例えば，大分県豊前海干潟のハマグリ増殖干潟では，温度に配慮して大潮時の日中の干出時間が4～6時間以下となるよう干潟の高さを調整している．クルマエビ稚エビの着底には10～35℃の潮溜まり温度が適当である．

干潟の条件としては，底質の有機物量，酸素量が重要条件である．豊かな干潟生態系を維持するには有機浮泥が豊富にある方がよい．またこの有機物をバクテリアが分解するには酸素が必要である．この酸素は溶存酸素（DO）を用いる場合と，酸化化合物より還元し酸素を得る場合がある．いずれの酸化形式をとるかについて判断する指標の1つに酸化還元電位（Eh）がある．

> **ポイント**
>
> **酸化還元電位**
>
> 酸化還元電位は，底泥中の酸化体と還元体のバランスによって生じる電位を測定するもので，pH 7.0における底泥について，＋400 mV以上では好気性バクテリアによって酸素呼吸で有機物が分解される．＋300 mV以下では硝酸塩還元細菌によって分解され，N_2を析出する脱窒反応が起こる．＋300～＋400 mVでは好気性分解（酸化）と硝酸塩還元が起こるが，酸素があれば好気性分解が優先する．0～－200 mVでは硫酸還元が，－200 mV以下では発酵が起こり，沿岸域の海底泥（pH；7.5～8.5）では＋300～＋250 mVで硝酸塩還元細菌により脱窒反応が起こる．＋250 mV以下では硫酸還元反応が起こる．その他，酸化還元電位による微生物の活性は温度にも関係する．

干潟・浅場上の海水の溶存酸素濃度は，ほぼその温度における飽和濃度として扱うことができる．その理由は海面曝気の大きさ（流れの乱れで下層の水が上層に到り，表面張力に打ち勝って表面に現れ，海面曝気を受ける大きさを再曝気係数で示す）が，この値は水深の3/2乗に反比例する．干潟・浅場の水深は浅いので酸素の溶入が多く，加えて波による擾乱や砕波などで，酸素は十分に溶入して飽和濃度に近くなる．

干潟底面の表層では好気性環境が維持されるので，好気性バクテリアによって盛んに有機物の分解浄化が行われる．これによって増殖したバクテリアは餌となってベントスが増殖し，豊かな干潟生態系が作られる．これが干潟の最大の浄化力であり，また生物生産の優れているゆえんである．

干潟の泥の中では酸素の供給が間に合わず，硝酸塩還元細菌によって硝酸，亜硝酸基から酸素を還元して脱窒反応が起こる．これは窒素ガスとして物質循環の系外に放出されるので，物質循環モデルの重要な因子として扱われている．

(2) 温度の変動の事例

a) 観測方法

観測は，山砂と洗砂で造成された底質の異なる人工干潟にて行った．山砂は中央粒径が0.17mmで細砂が60〜80％，シルト・粘土分（0.062mm以下）10％前後，洗砂は中央粒径0.5mmで粗砂が70〜80％，シルト・粘土分2％前後である．測定は，各定点の表面から−3，−5，−15cmの深さの地温，そして気温および水温をデジタル温度計で冬期および夏期に測定した．

b) 観測結果

図1・9は，山砂域−3cm層における潮下帯の測点1，潮間帯の測点2および潮上帯の測点3における夏期の地温の変動を示している．変動を見ると，干満による海水の影響の少ない潮上帯においては1日の変動が大きく，9月16日では最低約19℃から最大約34℃と変動幅は約16℃にも達している．一方潮下帯では，ほとんど変動が見られない．これは，潮下帯では潮汐の影響を強く受けるため温度の変化が少なく，潮上帯では潮汐の変動を受けにくいためである．また，山砂で造成された含水率が3.0％の干潟は，洗砂で造成された含水率1.3％の干潟より低く，山砂域の方がやや日格差は小さい（図1・10）．含水率が小さいと外気温の影響を受けやすくなる．したがって，含水率が洗砂に対して多い山砂の方が温度

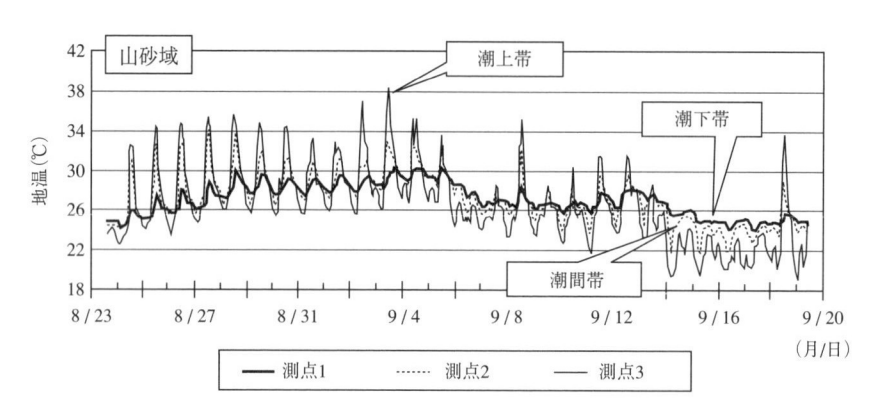

図1・9 地温の潮下帯・潮間帯・潮上帯における変動

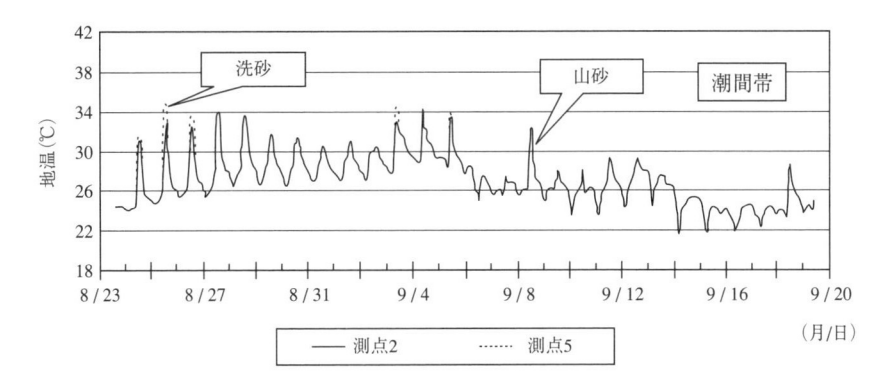

図1・10 地温の山砂洗砂における変動

の変動も小さく，さらには生息に不可欠な水分も多く，生物が生存し易い状態にあると推察された．

冬期の測点1の－3 cm層における地温，気温および水温の変動を見ると夏期とは異なり，地温は潮位が低くなり干潮で干出した場合，低い気温の影響を強く受け，急激に低温になる（図1・11）．潮汐の影響を大きく受ける潮下帯が，潮汐の影響をあまり受けない潮上帯より大きな日格差を示している．

干潟の地温変動は，地盤高や粒度分の違いに起因する含水率，そして潮汐や気温との相互作用に大きく影響されることがわかる．

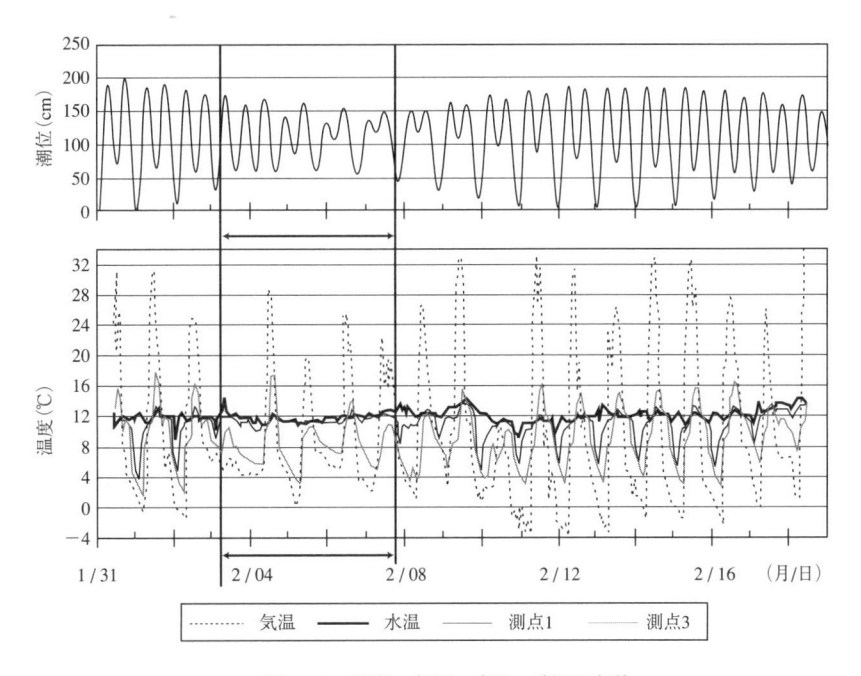

図1・11 潮位・気温・水温・地温の変動

(3) 酸化還元電位の水平分布の事例

a) 観測方法

観測は，先の山砂と洗砂で造成された底質の異なる人工干潟で行った．簡易の酸化還元電位計で，水平分布を1m間隔で測定した．

b) 観測結果

図1・12は，山砂域と洗砂域との境目よりそれぞれ左右の沿岸方向の酸化還元電位の分布を示している．分布を見ると，シルト・粘土分の多い山砂は，還元状態の分布帯が広く占めている．その分布に対して，シルト・粘土分の少ない洗砂は，酸化状態の分布帯が広く占めており異なった分布を示している．また，岸沖方向では，山砂および洗砂ともに沖側の方が岸側に比べ還元状態を示している．このことは，岸側は波の影響を受け細かな土粒子は堆積し難いが，沖側は細かな粒子が堆積し易い環境であることを示している．当人工干潟のような小範囲においても，酸化還元状態の分布は著しく異なっており，干潟の多様な環境状態を示すことがわかる．

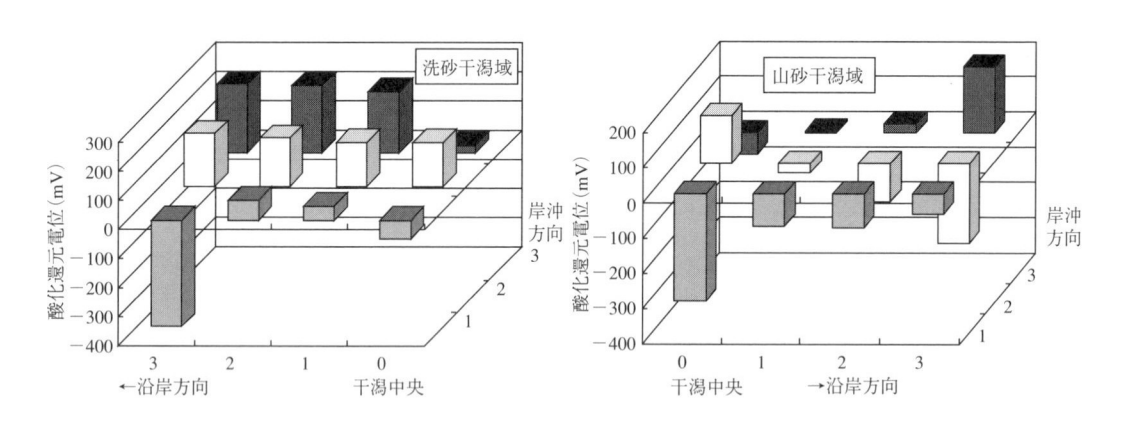

図1・12 底質の水平酸化還元状態

2・2 干潟の堆積物の環境

干潟は潮位，日射などの変動要因によって，時間とともに環境要因の変化も大きい．

それは，干潟の堆積物の鉛直的構造（好気的環境と嫌気的環境）にも影響を及ぼし，そのことが干潟の堆積物中に生息する生物（砂粒表面，砂粒間隙，堆積物表面，堆積物中）の生息環境を大きく変化させている．

(1) 干潟の鉛直構造と酸素の環境

干潟の成り立ちがわかって，堆積物の組成がわかると，おおよそその場所が好気的環

境であるか，嫌気的な環境であるかを判断する．これは，過去のデータに依存するのではなく，現場の干潟を少しでも掘り下げて，堆積物のどれくらいの深さのところに黒く見える還元層（嫌気的環境）があるかどうかによってすぐに判断することができる．

好気的環境から嫌気的環境まで，つまり酸素が十分ある環境と全くない環境までの範囲が干潟では存在する場合が多い．したがって，干潟がどの範囲の酸素の環境にあるかによって生息する生物の種も大きく影響される．

(2) 干潟の生物
a) 生物の生息場所

一般に堆積物或いは基盤の表面に生息する生物を，表生性生物（epifauna），堆積物の内部に生息する生物を内在性生物（infauna）という．また，酸素が十分な好気的な環境に適した好気性生物（ほとんどの生物）と酸素が少ない嫌気的な環境に適した嫌気性生物（主にバクテリア，線虫類）に分れる．また，干潟の堆積物が砂や泥質で構成されている場合，バクテリアや底生微小藻類は砂粒表面，砂粒間隙，或いはその他泥質の泥の表面と泥の中に生息している．干潟におけるこれらの微細生物の機能も重要である．

干潟の底生生物は生息環境に適応した構造（鉛直分布と成帯構造）を有する．

鉛直分布と成帯構造は，潮汐に伴う干出，冠水の繰り返し，日の出から日没までの日射量の変化などの自然環境条件の変化によって，そこに生息する生物の分布や生活，活動リズムを規定することで形成される．その結果，自然環境条件の大きな変化に耐えられる特定の種類が卓越する場合が現象として起る．

ポイント

干潟のベントスの成帯構造

干潟のベントスの成帯構造について，堀越・菊池[2]は以下のように述べている．

内湾成の砂泥質の干潟の場合，勾配や底質粒度によって地方差はあるものの，次のような生物群の配置が一般的である．

【干潟が砂質の場合】

潮間帯上部～中潮帯：コメツキガニ，ハクセンシオマネキ，チゴガニ

中潮帯～下潮帯：マメコブシ，スナモグリ，キンセンガニ，ガザミ類，バカガイ，カガミガイ，ハマグリ，マテガイ，ツメタガイ，ミクリガイ，イボキサゴ，ムシロガイ類，クロムシ，ツバサゴカイ，ミサキギボシムシ

潮下帯上縁：ムラサキハナギンチャク，ニンジンイソギンチャク，フジナミ，キヌタアゲマキ，

> ベニガイ，オオトリガイ，タケノコガイ類，ホタルガイ類，バイ，ヒラモミジガイ，モミジガイ，ハスノハカシパン
>
> 【干潟が泥質の場合】
> 潮間帯上部：イワガニ科ベンケイガニ類（ハマガニ，アシハラガニ，アカツメガニなど），ウミニナ
>
> 中潮帯：スンガニ科（チゴガニ，ヤマトオサガニ），巻貝ではヘタナリ，カワアイ，二枚貝ではアサリ，シオヤガイ，オキシジミ，ウラカガミ，ソトオリガイ，オオノガイ，ヒメシラトリ，ゴカイ類
>
> 低潮帯から下潮帯：ヒラシラトリ，ミズヒキゴカイ，ニッポンフサゴカイ，スゴカイ，トゲイカリナマコ

b）干潟に生息する生物の区分

干潟には干潟に生息する生物を餌とする鳥類とその捕食圧も干潟生態系に重要な働きをする．また，塩性湿地を形成する干潟には，動物に加えていろいろな植物が繁茂するがこれらの植物も干潟環境や生物生息環境に大きな働きを果たしている．

① 大きさによる区分

干潟に生息する生物はその大きさによっておおよそ4つの区分（ミクロファウナ，メイオファウナ，マクロファウナ，メガファウナ）に分けられる．

② 食性による区分

生物の食性から堆積物食者，懸濁物（濾過食性）食者，定住肉食者などに区分される．

③ 繁茂する植物

葦などの大型植物，堆積物表面に生息する微細藻類，季節的に繁殖する大型藻類（オオアナアオサ）

④ 鳥

季節的な渡り鳥，干潟など水辺を住かとする鳥，生態系の上位に位置する鳥

c）干潟の栄養型

干潟では，生物の生活様式の違い，水中や堆積物中の有機物と無機物の物質循環などが絡み合った生態系を構成する．干潟が形成された場所にもよるが，流れなどの物理場の変化とそこに生息する生物がいろいろと絡み合っている．そこで絡み合いを物質循環やエネルギーフローから解明する必要がある．好気的な環境での一次生産，海藻，二次生産，魚，デトリタス，バクテリア，ベントス，鳥，湿生植物，嫌気的な環境でのバクテリア（従属栄養細菌）などが生態系の機能を動かす構成者である．

> **ポイント**
>
> **干潟の栄養型**
>
> 　干潟の栄養型について機能的に6つのタイプ（泥質干潟，砂質干潟，塩性湿地と一次生産，デトリタス，海藻）が示されている[3]．
>
> 表1・1　干潟の栄養型[3]
>
> | 栄養型 | 一次生産量 | デトリタスプール，分解 | 生物量の消費者 |
> |---|---|---|---|
> | 開放的砂質海岸 | 不安定堆積物による阻害 | 小規模，不規則移入，好気的 | 間隙動物群　幾つかの大型スカベンジャー |
> | 懸濁物食者の群集 | 植物プランクトン豊富，底生微小藻類および大型海藻さまざま | 中庸ないし大規模，排泄物の集積，移入可変，好気と嫌気 | 大型懸濁物食者，とくに二枚貝．植食者と堆積物食者は少ない |
> | 泥質干潟 | 底生微小藻類多し*　時として緑藻類が漂流 | 外来性デトリタスの集積，主に嫌気的 | 堆積物食者と藻類植食者が卓越，小型種多し（線虫類） |
> | 砂質干潟 | 底生微小藻類多し* | 可変，小規模の移入，好気と嫌気 | 植食者が卓越，大型堆積物食者 |
> | 海草帯 | 水生顕花植物多し，底生および着生微小藻類* | 大規模，移入可変，好気と嫌気 | 栄養的には極めて多様，着生藻類の植食者多し |
> | 塩性湿地とマングローブ | 塩生植物多し，底生微小藻類さまざま* | 極めて大規模，移入多し，主に嫌気的 | 栄養的には多様，しばしば小規模 |
>
> *　光合成細菌を含む

（石川公敏・松原雄平）

3　生態系の保全・創造

　干潟のもつ様々な機能のうち生物が関与しているものは多くある．アサリなど生物そのものが採集・漁獲の対象になる場合や，生物活動の結果として水質が浄化されるなどの機能についてはしばしば話題にされている．それら生物過程の産物や結果以外にも，干潟の存在自体が生態系の保全にとって価値あるものとして，例えば，1971年に策定され1980年からわが国も加入しているラムサール条約（「とくに水鳥の生息地として重要な湿地に関する条約」）では，湿地や干潟の総体が水鳥の生息地として重要である，言い換えればこれは，水鳥の飛来，生息，繁殖に象徴される健全な生態系は湿地や干潟の存在によって保全しうるということが述べられている．

3・1 水圏生態系の特徴と干潟生態系

(1) 水圏生態系と陸域生態系

地球生態系はしばしば海洋，森林，草地などのサブシステムに分けて語られるが，そのうちの海洋生態系はさらに沿岸生態系，外洋生態系，湧昇域生態系，深海生態系，サンゴ礁生態系など多くのサブシステムに細分化されている．これらは地形的あるいは地域的な区分に基づくが，生物に着目すれば微生物生態系やベントス生態系，プランクトン生態系などに分けることができる．すなわち，地球生態系のサブシステムや，さらに下位のサブシステムを「何々生態系」と称しているのはわれわれ人間が便宜的に作った概念で，単に研究や調査，評価をやりやすくしているためである．

ポイント

生態系のサブシステム

生態系のサブシステムに関して，陸上の生態系という場合は森林や里山，雑木林や草原などを容易に思い浮かべることができる．また，そこでは様々な木や草が茂り，それら植物の生産した葉や実などの豊かな有機物が動物の営みを支えているということも容易に想像することができる．しかしながら海の場合には，海原や水面をいくら見つめても生態系の存在を感じることは少ない．それは生態系を支える植物の単位面積当たりの量が，海洋生態系では陸上の1/1000に過ぎず，ひいてはすべての生物が少ないからであるが，一方で植物の光合成による有機物生産速度（炭素量）は1/5にとどまっている．つまり，海洋生態系は単位植物量当たりの有機物生産速度が陸上植物の200倍にも達するということである．木などの陸上植物では生産の場である葉の占める割合が体全体に比して僅かであるのに対し，海洋の生産者である植物プランクトンでは，単細胞生物であるために体全体が生産を担っていると考えれば理解が容易である．

表1・2 地球の純一次生産と植物の生産量[4]

生態系のタイプ	面積 $10^6 km^2$	単位面積当たり純一次生産量 $g/m^2/年$ 範囲		世界の純一次生産 10^9トン/年	単位面積当たり生産量 kg/m^2 範囲		世界の生物量 10^9トン	回転速度 回/年
		範囲	平均		範囲	平均		
熱帯多雨林	17.0	1000〜3500	2200	37.4	6〜80	45	765	0.049
熱帯季節林	7.5	1000〜2500	1600	12.0	6〜60	35	260	0.046
温帯常緑樹林	5.0	600〜2500	1300	6.5	6〜200	35	175	0.037
温帯落葉樹林	7.0	600〜2500	1200	8.4	6〜60	30	210	0.04
北方針葉樹林	12.0	400〜2000	800	9.6	6〜40	20	240	0.04
疎林と低木林	8.5	250〜1200	700	6.0	2〜20	6	50	0.117
サバナ	15.0	200〜2000	900	13.5	0.2〜15	4	60	0.225
温帯イネ科草原	9.0	200〜1500	600	5.4	0.2〜5	1.6	14	0.375
ツンドラと高山荒原	8.0	10〜400	140	1.1	0.1〜3	0.6	5	0.273

砂漠と半砂漠	18.0	10〜250	90	1.6	0.1〜4	0.7	13	0.129
岩質および砂質砂漠と氷原	24.0	0〜10	3	0.07	0〜0.2	0.02	0.5	0.15
耕地	14.0	100〜3500	650	9.1	0.4〜12	1	14	0.65
沼沢と湿地	2.0	800〜3500	2000	4.0	3〜50	15	30	0.133
湖沼と河川	2.0	100〜1500	250	0.5	0〜0.1	0.02	0.05	12.5
陸地合計	149		773	115		12.3	1837	0.063
外洋	332.0	2〜400	125	41.5	0〜0.005	0.003	1.0	41.7
湧昇流海域	0.4	400〜1000	500	0.2	0.005〜0.1	0.02	0.008	25.0
大陸棚	26.6	200〜600	360	9.6	0.001〜0.04	0.01	0.27	36.0
藻場とサンゴ礁	0.6	500〜4000	2500	1.6	0.04〜4	2	1.2	1.25
入江	1.4	200〜3500	1500	2.1	0.01〜6	1	1.4	1.50
海洋合計	361		152	55.0		0.01	3.9	15.2
地球合計	510		330	170		3.6	1841	

出典：Whittacker, R.H.(1975) Communities and Ecosystems 2nd ed. Mac Millan. に回転速度を追加

　海洋では窒素，リンなどの栄養塩が少ないにもかかわらず生産速度が200倍に達するのは，限られた栄養塩を使い回している，すなわち生物の寿命が短かく，また死ぬと短時間の間に体成分が再び栄養塩としてリサイクルされてくるからである．このメカニズムが保証されるためには，上述した植物プランクトン自身やそれを食べて繁殖する動物の寿命が短いことのほかに，栄養塩を独り占めしないよう生物が小型であること，そして死んだ後に分解されて栄養塩に回帰する速度，すなわち物質循環速度の速いことが必要である．この物質循環を支えているのは細菌や原生動物などの微生物であり，言い換えれば海洋生態系の立て役者は微生物と言っても過言ではない．

　微生物の増殖速度は速く，細菌の場合は1日に数千倍に分裂し増殖することも希ではないが，同時に寿命も短い．したがって，短時間のうちに優占種が交代（遷移）することは珍しくなく，そのことが水質環境を不安定にさせ，また生態系全体の生物相の遷移を容易にもたらすものと考えられる．さらに，生物相の遷移は新たな環境変化をもたらし，それが更なる微生物優占種の交代を招くという連鎖的なスパイラルが起こる．これに類する現象は，細菌と同様に分裂によって増殖する原生動物界においても普通に起こっており，原生動物と細菌が「食う食われる」の関係にあったり，また水に溶解している栄養物質を競合するなど表裏一体の関係にあることを考えると，海洋生態系の立て役者は，正確には細菌と原生動物であると言い換えるべきであろう．また，生物が死んで分解される過程では，いきなり細菌が分解を始めるのではなく，死骸がまず原生動物によって細かく砕かれ，またその糞になることによって細菌による分解と栄養塩への回帰が速められる．

　このような海洋生態系の性質は，海に限らず，湿地や干潟など物質循環が水を介して行われる場所に共通のものであり，生物相の遷移が早く，その結果として環境が安定しにくいことが，沿岸地形への人為的なインパクトが予想もしなかった環境の悪化につながる理

由の1つになっている．反対に，陸上生態系では基質が水と違って安定した大地であり，また動植物の寿命が長いために生態系の遷移が起こりにくく，このことが陸上では環境の修復や創造が設計通りの成果を収めやすい理由になっている．

(2) 干潟生態系

干潟生態系の生物相や機能を人為的に管理・制御することの困難さは，上述のように微生物生態系の特性に起因するが，その他に，水圏の生物が一般に複雑な生活史をもっていることも関係している．アサリの例では，卵からトロコフォア（単輪子）と呼ばれる幼生が孵化し，海水中を浮遊しながらやがてヴェリジャー（被面子）幼生に変態，約2週間をこれら幼生プランクトンとして過ごした後，およそ0.2 mmほどの仔貝となって浅場に着底する．浮遊している間には他の生物によって捕食され，また生息の困難な水質環境に出会うこともあるため個体数の減少が著しく，さらに着底後も逃避能力が弱いこと，脆弱であることなどから激しく減耗する．このような微小なプランクトンとしての幼生期は，干潟に生息するほとんどの底生生物に共通するものであり，種の分布を拡大する戦略として優れているものの，最終的に成体となる数は環境条件に大きく左右されることになる．バカガイやシオフキガイが年によって大発生したりするのも，潮流，吹送流などによる幼生の来遊と仔貝期までの減耗率によって決まると考えられている．

3・2　干潟における生物多様性の保全

地球上で生物の多様性が保たれるべきという考え方は，工業優占主義の結果として環境破壊が深刻化した20世紀末にコンセンサスを得て，人類の生存が他の生物との協調関係を無視しては成り立たないという認識に基づいている．

自然生態系は環境と生物が相互に作用し合っているダイナミックな系であり，生物の存在が新たな環境を作り出し，それがさらに生物に影響して新たな生物相がもたらされるという繰り返しのうちにある種の定常状態になる．その過程は，微生物までを含む多くの生物の競合，相互作用，フィードバックであるので，定常状態のときの水質や餌などの環境が仮に人工的に再現できたとしても，ほとんどの場合その生態系は不安定であり，やがて破綻してしまう．また人為によって新たに作られた環境では，はじめは生物相が貧弱なので，天然生態系であれば網の目のように張り巡らされているはずの食物連鎖（すなわち上位生物は下位の1種類に依存しているわけではなく，それが居なければ代わりに他の生物も食えるという複雑なパスウエイ，図1・13）がなく，ある1種類が減耗した場合には，バイパスがないためにそれより上位の生物はすべて生存できず，やがて系全体の物質循環に異常をきたしてしまうことが起こる．

バカガイはスケレトネマ（*Skeletonema*）がいなくなっても飢饉にならず，またバカガイがいなくなってもアカニシは飢饉にならない．

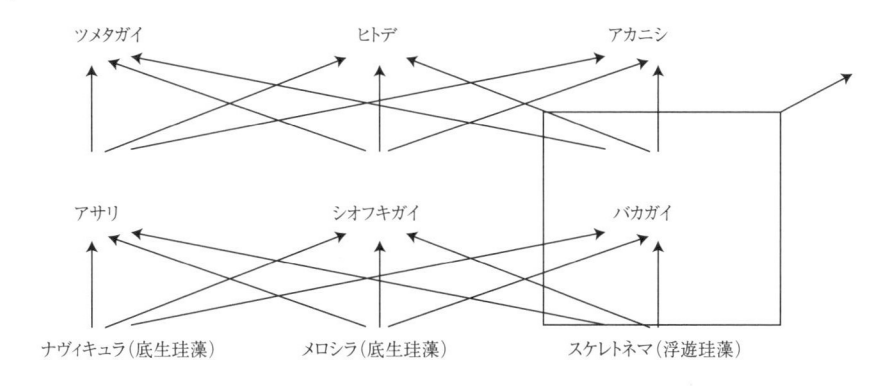

図1・13　干潟付近の複雑な食物網の一例（想像図）

> **ポイント**
>
> **生物多様性**
>
> 　地球という大きな生態系の現状に関して「多種多様な生物あってこそ現在の環境が導かれ維持されている」という認識が生み出され，それが生物の多様性を保全する動きに結びつき，1992年には国連環境開発会議（いわゆる地球サミット）において「生物の多様性に関する条約」が採択された．わが国も翌年批准し，条約の定めに従って1995年に「生物多様性国家戦略」，2002年に「新・生物多様性国家戦略」を策定した．
>
> 　地球上で生物の多様性が保たれるべきという考え方は，工業優占主義の結果として環境破壊が深刻化した20世紀末にコンセンサスを得て，人類の生存が他の生物との協調関係を無視しては成り立たないという認識に基づいている．

（1）干潟の地勢的特徴と多様性

　海洋生態系のうちで単位面積当たりの生物種数が最も多いのは最高高潮線と最低低潮線に挟まれた「潮間帯」およびその直下の「潮下帯（亜潮間帯）」である．干潟は潮間帯を代表する地形であり，地盤高によって海水に浸る時間が異なる．したがって，干潟とその直下には，短時間だけ海水と接すればよい生物から，常時水中に居ることが必要な生物までが生息することになり，緩傾斜であれば，水平的な広がりによって環境の収容力も一層大きくなる．また河口干潟では，河川水の影響の強弱によっても様々な生物が住み分けるようになり，さらに，干潟の下部から潮下帯にかけて藻場が発達している場合には，生物の多様性は一層高くなる．

(2) ナーサリー（Nursery：幼稚仔保育場）機能

海産動物の場合一般に小さな卵を多量に産み，幼稚仔の段階では水流，水温，水質などの物理化学的環境や，捕食者や餌の存在などの生物的環境の影響を大きく受けている．不適な環境から幼稚仔を保護する場所をナーサリー（Nursery）と呼んでいるが，干潟は浅いために波浪や水流が弱く，同時に餌生物が豊富に存在することからナーサリーとしての機能に優れている．また，水深が浅いために大型の捕食者がこないので，より一層幼稚仔の生存率が上がる．

沿岸域では水産資源を増殖するために稚魚や稚貝を放流することが広く行われているが，クルマエビの場合，体長10 mm程度の稚エビはスズキやハゼなどが好んで捕食するため，普通の海岸に放流するとすぐに捕食されてしまう．そこで，捕食者の来ない人工干潟を作って生き残り率を高めることや，適当な天然干潟を選んで放流することが行われるようになった．干潮時に浅いタイドプールができるような干潟を造成すると，通常は放流直後に数％から20％程度に減ってしまう放流種苗が90％程度生存するようになり，また単位面積当たりの密度を50から100倍に上げることが可能だとされている[5]．

(3) 索餌場としての機能

生物の種類，量ともに豊富な干潟は，とくに渡り鳥にとっては，人や大型動物が入りにくく安全な格好の索餌場となっている．このことは生態系の健全性を表すと考えられる生物多様性を地球レベルで保全しようとするラムサール条約が湿地の保全を求める大きな理由となっている．

(4) 藻場による干潟機能の補強

干潟の下部から潮下帯にかけて，砂泥域の海底には陸上の草地に似た植物群落が発達する．日本沿岸では，丈が数10 cmから2 m程度の細長いアマモ（*Zostera marina*）による群落が多く見られ，アマモ藻場あるいはアマモ場と呼ばれている．アマモは，陸上の草本と

表1・3　生物の多様性保全に寄与するアマモ藻場の特性

A．物理化学的環境
　（1）水の動きが弱くなる
　（2）地盤が保全される（地下茎）
　（3）酸素を発生する（光合成）

B．生物的環境
　（1）葉上に繁殖する珪藻およびそれを摂餌する微小動物が餌になる
　（2）葉上に溜まる有機物（デトリタス*）が餌になる
　（3）捕食者からの逃避，かくれ場になる
　（4）産卵場になる（葉体に産み付ける）

*微小生物の遺骸や細菌，原生動物などのかたまり

同じ高等植物で，コンブやホンダワラなどの海藻類とは異なり花や果実も付けるが，とくに地下茎が発達するために地盤の安定に寄与し，また群落が流れを減速させる[6]効果も相まって波浪や潮流から海岸浸食を防止している．このため，干潟の延長上に藻場をもつ場合には，干潟の安定性が大きくなり，また，藻場それ自身も多様性の保全に大きく貢献している（表1・3）．

3・3 干潟による他の生態系の保全と創造

干潟が貴重な生態系であるという概念は，生物多様性の保全機能や希少種の保護機能の他に恒流，潮流や吹送流など海水の運動を介して近隣の他の海岸の生態系との密接なつながりをもたらしていることも考える必要がある．すなわち，たとえ小さな干潟であっても，内湾などある程度の広がりをもった大きな生態系のなかに存在するサブシステム生態系同士のネットワークの一員であることが多く，他所に安定した生態系を保全し，また創造する機能を有していると考えなければならない．

(1) 幼稚仔の供給

底生動物は一般に浮遊幼生期に親から生み出された卵や幼生は海水に運ばれ分布を拡散，拡大するが，浮遊期が長い生物では干潟で生み出されたそれら卵・幼生は他所の干潟に定着することがある．アサリの例では，資源の変動が幼生の供給元である別の干潟の状況によって決定されると推測できる次のような研究もある（第3章事例参照）．

東京湾においてアサリ幼生の分布とHFレーダーによる流れのリアルタイム観測結果を，幼生の成長速度などの情報を加味して解析し発生場所を逆算・推定し，その結果，東京湾における主要な幼生の供給場所を推定することに成功した[7, 8]．この研究からは，幼生が孵化したのち吹送流や潮汐残差流によって一方向へ輸送され，その過程で成長・稚貝への変態を終えて次の干潟へ着底する可能性が示唆された．言い換えれば，幼生期を終えたときに着底できる干潟がなければアサリ資源を次世代に残せないことになる．東京湾のように埋め立てによって干潟が途切れてしまった海域では，干潟間のネットワークで湾全体の資源が保全されている可能性も捨てきれない（図1・14）．

動物・植物を問わず，干潟生態系を構成するほとんどの生物に関してこのような干潟ネットワークがあると考えるのが妥当であり，干潟が他の海岸生態系を保全し，または創造することは容易に想像することができる．反対に，1つの干潟の消滅が，離れた場所にある別の干潟の生物相を激変させる可能性は常に考えておくべきである．

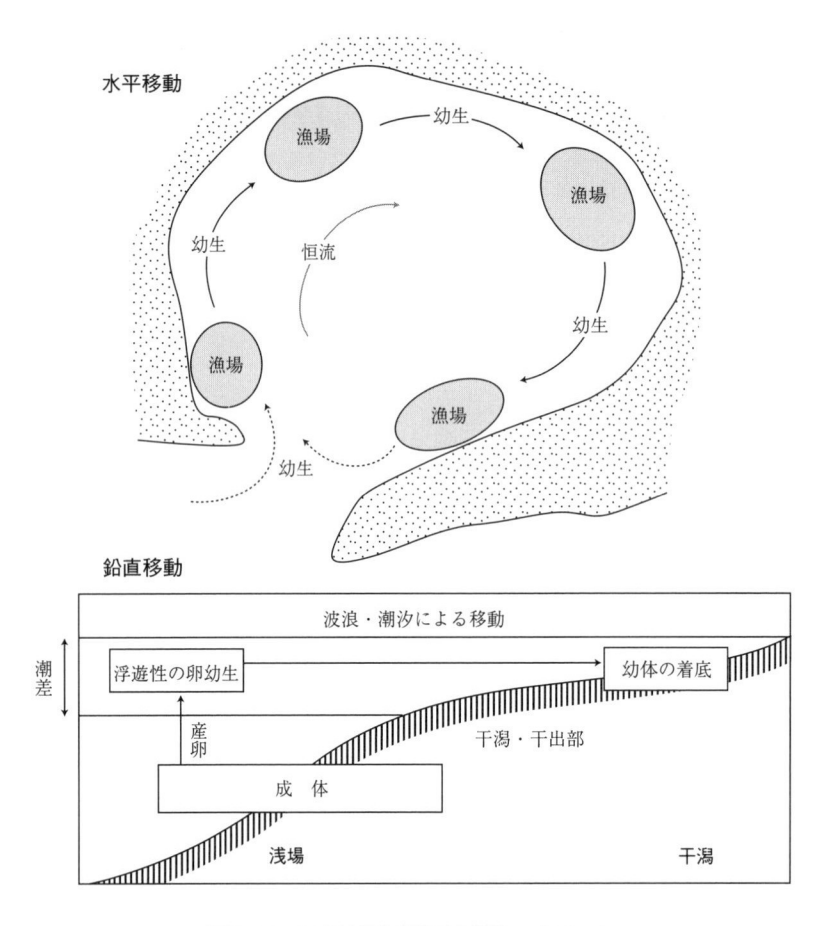

図1・14 アサリ幼生供給の干潟ネットワーク

(2) 生活史の連続性

　富栄養化している内湾では，夏期に低層水が貧酸素化することが多く，とくに閉鎖性の強い場合には，広範囲にわたってしばしば動物の生存を脅かしている．このような海域では，干潟およびそれに続く浅場は，海の表面からの酸素の供給があるために海産動物の避難場所として機能し，それら動物は死滅という生活史の遮断から免れることができる．このようなケースでは，干潟はそれのサブシステムでありながら内湾という上位の生態系を保全する機能をもっていることになる．閉鎖性の強い内湾では，貧酸素になる夏期にハゼ科など底生の魚類やガザミ，クルマエビなどが浅場に寄っているのを観察することができる．

　また低層水が貧酸素化するような海域の深場は，有機物や栄養塩が多いために生産力が高く，酸素さえ十分であれば動物にとって成長や再生産の面でメリットも大きい．そのため，秋から翌年初夏までの期間は底生生物の種類も比較的多く，密度も高くなる．しかし，一旦低層水の貧酸素化が始まると，魚類，甲殻類などと違って游泳力に劣るベントス（ゴ

カイ類，貝類など）は取り残されて死滅してしまう．しかし，このような場所に生息する動物には，貧酸素水塊のない期間中に成長し短期間で成熟・産卵を行う種類が多く，干潟に続く浅場に拡散した幼生が生き残っているため種が途絶えることまでは至らない．この生き残り群が産卵し卵・幼生を拡散させるため，貧酸素水塊が消滅する秋には，再び深場に個体群が復活することができる（イトゴカイ，シズクガイなどが代表的な例）．

(3) 陸域生態系と水圏生態系間の回廊

生態系間のネットワークの存在は，幼稚仔の供給に限らず動物の移動を保証するものとして貴重である．陸上生態系ではしばしば回廊（Coridor：コリドー）と呼ばれ，地形的に離れた場所にある生態系同士を連絡し，動物が索餌や繁殖に適当な場を求めて移動する通り道になる生態系，つまり干潟がこの回廊として機能する場合がある．例えば，アシハラガニやベンケイガニなど陸生の甲殻類は産卵のため海岸へ移動するが，干潟は陸上の生態系から海岸へ親を安全に導くとともに，海で幼生期を終えた稚ガニを陸上へ送り返すという水圏から陸上へ垂直的につながる回廊であり，陸上生態系までも保全・創造する機能をもっている．また海岸に沿って続く干潟は水平的な回廊と考えることができる．

〔日野明徳〕

4 干潟域の水質浄化機能

4・1　水質浄化機能の評価手法

水質浄化機能の2つの区分についてNを対象元素として測定面から表現すると，二次処理的機能は干潟域に流入もしくは干潟上で生産されたPON（懸濁態有機窒素）が干潟域でどの程度消失するかを測定することであり，三次処理的機能はPONにDTN（溶存態総窒素）を加えたTN（総窒素）が干潟上で消失する速度を測定することであるといえる．これはPを対象元素としても同様である．

このような干潟域とその沖合域との窒素収支から干潟域における消失速度を定量的に評価する手法としては数時間から数日周期で繰り返し行われる分布観測に基づいたボックスモデルによる計算手法[9-11]があげられる．

ボックスモデルは干潟域とその周辺域との窒素収支を求めることはできるが，収支を帰結する干潟内部の窒素循環の機構はその名のとおりブラックボックスで詳細に知ることはできない．干潟域生態系を構成するどの要素がどの程度の役割を担っているか，それら現存量が変化した時にどのような物質収支になるのかをあらかじめ知ることが干潟域の保全や

修復には必須であるが，そのためには干潟生態系モデルによる推算[13, 16]が有効である．

また，二次処理的機能についてはチャンバーを干潟上に設置し，その内部の水質変化から求める方法[12]や，年平均的なレベルで海域ごとの比較を簡易に行うためにマクロベントス現存量からP/B比を基に推算する方法[14, 17]もある．これらの手法は表1・4に示すようにそれぞれ一長一短があり，これらを複合して総合的に干潟を評価することが望ましい．

表1・4 水質浄化機能の評価方法一覧

項目＼方法	チャンバー	ボックスモデル	生態系モデル	現存量
概要	野外にチャンバーを設置し懸濁物の減少量を測定	PON，DTNなどの観測地を物理的要因と生物化学的要因とに区別して評価	モデルにより現存量と物質収支を計算．底生系と浮遊系双方を評価	懸濁物除去量を食性別マクロベントス現存量およびP/B比などから計算
評価面積	容器内の底面積で代表する	観測範囲	観測範囲〜（湾全体）	観測範囲
評価期間	観測時期	観測時期	観測時期〜年単位	年間平均値
長所	直接的で理解しやすい	観測結果を定量的に整理	窒素の形態別に評価，試行実験が可能	現存量（窒素態）の観測地のみで評価が可能．比較的容易
短所	現地観測には労力が必要	地点数，観測頻度に整理	現存量・速度定数など系計算の基礎となる数値の数が多くその実測値が少ない	物質収支の評価，予測は不能
利用上の注意点	チャンバー内の懸濁物食者現存量に依存	抗散係数など諸係数の取り扱い	計算に必要な数値の取り扱い	P/B比，糞・偽糞の再懸濁率など係数の取り扱い
その他			底生生態系モデルの草分け	考え方を一般化した
事例	青山・鈴木[12]	青山・鈴木[10]	鈴木ら[13]	青山・鈴木[12] 鈴木ら[14] 今尾ら[15]

ポイント

浄化機能の定義

近年，干潟の保全に関する関心が高まる中，「干潟の水質浄化機能」という言葉が頻繁に使われるようになってきているが，干潟生態系の物質循環のどの過程を浄化機能と称するかという点では，混乱があるように思われるので整理してみる．

一般に「浄化」という言葉は，ある環境悪化現象があって，その要因を取り除く働きという意味で使用される．したがって浄化機能は対象とする海域の環境状況によって，その定義が異なることもあるかもしれない．しかし，日本の主要な内湾における最も深刻な環境問題は，夏季の貧酸素水塊の発生であり，その原因は湾の構造上物理的に制約されている溶存酸素供給を上回る酸素消費であり，それは，陸域からの有機物供給と表層における懸濁態有機物の過剰な生産である[18]．したがって，浄化の対象とする汚濁物質は直接的には水中の懸濁態有機物，間接的にはN，Pなどの親生物元素であり，これら物質を水中から除去する機能を水質浄化機能と定義するのが一般的である．

陸域における廃水処理も，水中有機物の除去・分解とさらにそれら処理水からのN，Pの除去と

大きく2つに分けられて，前者は二次処理，後者は三次処理や高度処理と称されている．干潟域における水質浄化機能もこの水処理機能と類似させれば2つに整理される．

二次処理的機能に相当する物質循環過程は，①濾過食性マクロベントスによる海水中の有機懸濁物の直接除去，②堆積物食性マクロベントス，メイオベントス，バクテリアの摂食・分解による沈降有機物の堆積や海水への再懸濁の防止，といった過程であり，三次処理的機能に相当する過程は，③脱窒，④漁獲による取り上げ，⑤鳥などによる搬出，⑥深泥への埋没といった三次処理的機能である．⑦大型藻（草）類による栄養塩取込と干潟上への一時的貯留や湾外への流出もこれに含められる（図1・15）．

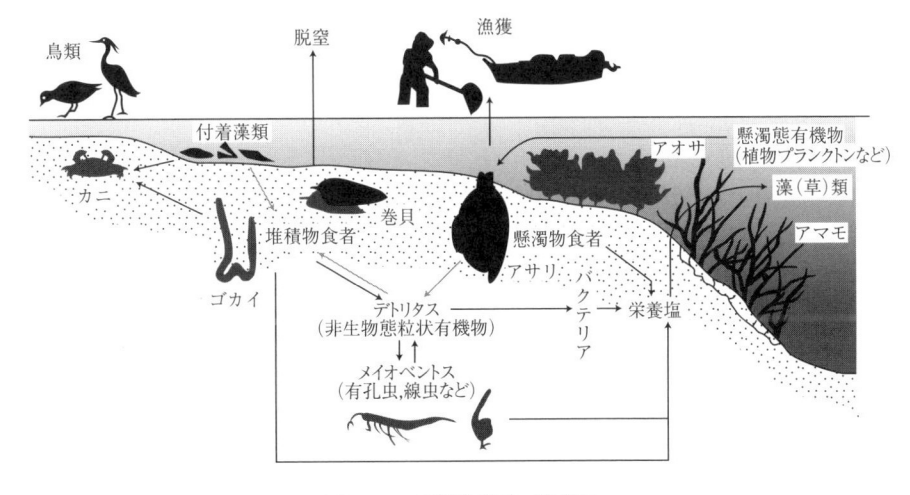

図1・15 干潟生態系の模式図

ここで，干潟ではなく干潟域と称したのは，これら水質浄化機能が高いのは単に干出するいわゆる地理学的な干潟だけでなく，その少し沖合部の底生生物や藻（草）類が豊富な水深DL − 5 m程度の浅場も含めた干潟を含む干潟周辺海域全体であるからである．

4・2 海域により異なる水質浄化機能

干潟の水質浄化機能はある特定の大きさをもっている原単位のように表現されるときがあるが，これは誤りであり，この点について図1・16に示された伊勢・三河湾の干潟を例を示す．この内，水質浄化機能の定量化を試みたのは三河湾の一色（イッシキ）干潟[10]，伊勢湾の小鈴谷（コスガヤ）干潟[11]である．三河湾北部に位置する一色干潟は一級河川である矢作古川の河口に発達した干潟であり，約10 km^{2}の広さを有する三河湾最大の干潟である．一方，小鈴谷干潟は伊勢湾東部に位置する伊勢湾最大の干潟であるが，大河川の直接流入はなく，干潮時に干上がる潮間帯面積は一色干潟よりは小さく，アマモや付着藻類の現存量も少ない．

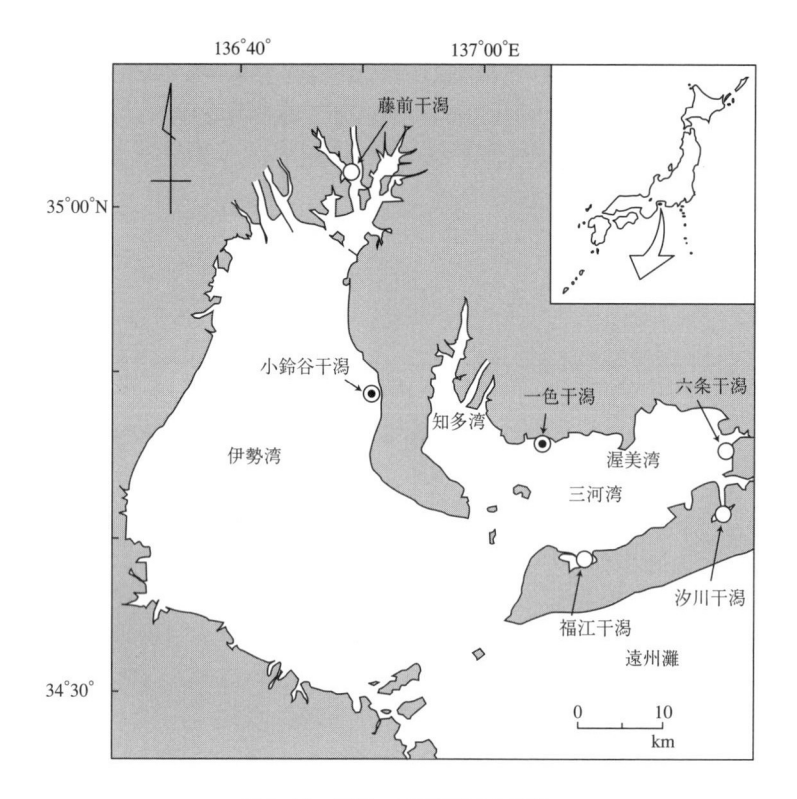

図1・16　伊勢・三河湾の主な干潟

　これら干潟域の水質は図1・17に例示するように共通した特徴的な分布を示す．一見して，クロロフィルa，フェオフィチン，PON，DTNとも干潟の沖合と干潟域では極めて顕著な濃度差が生じていることがわかる．植物プランクトン量の指標であるクロロフィルaは干潟沖合部で高く，干潟上で低いが，クロロフィルaが生物的代謝を経て変化したフェオフィチンの濃度は逆に干潟上で高く，干潟沖合部で低いという現象，また懸濁態有機物の指標であるPONが干潟沖合部で高く，干潟上で低いが，DTNは逆に干潟上で高く，干潟沖合部で低いという現象が見られる．これは潮が満ちる過程で，植物プランクトンを含む沖合の有機懸濁物が底生生物などによる生物的作用により干潟上で急激に減少し，溶存態に転化した結果である．

　ボックスモデルとはこのような分布観測を連続して行ない，得られた濃度分布の変化から，例えば（1）の収支式により時間変化項，移流項，拡散項，負荷項といった物理的な諸変化量を水質の分布観測，潮流計による連続観測，負荷量調査などから求めた上で，間接的に干潟域での生物変化項を推算するという手法である．水平拡散係数は水温塩分計の連続観測や漂流クラゲ観測などにより推測される．この生物変化項がマイナスになればボックス内で物質が消失したことを，プラスになれば逆に生成したことを示す．

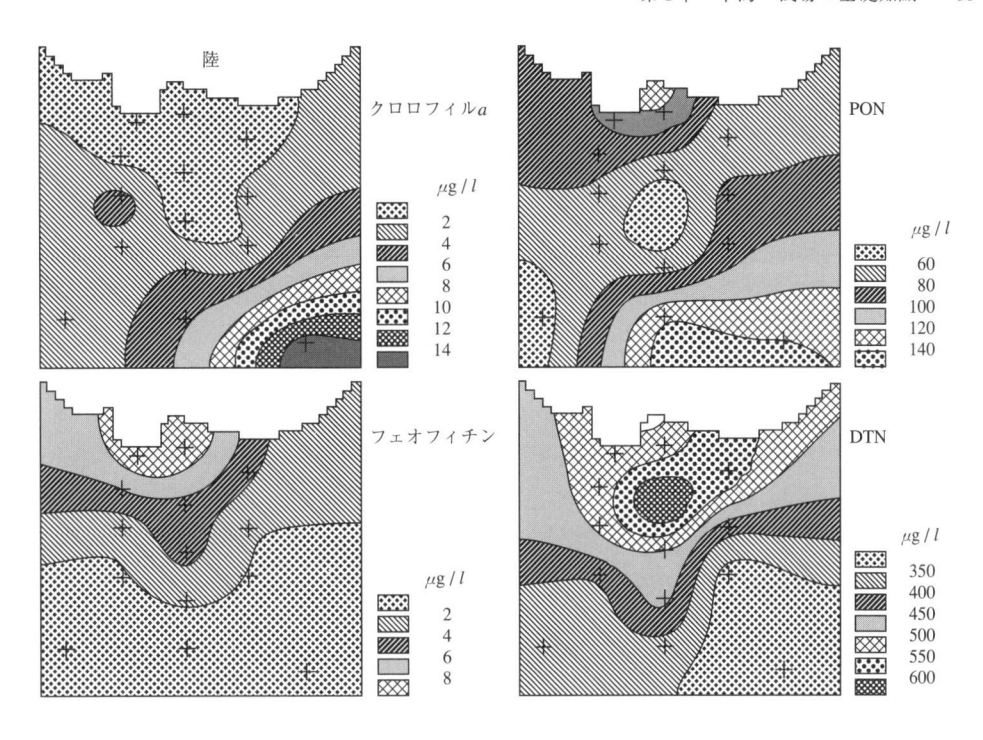

図1·17 一色干潟におけるクロロフィルa, フェオフィチン, PON, DTN の水平分布例[10]

$$\Delta(V \cdot Cv) = Q \cdot Ca + Ao \cdot K \cdot T \cdot \Delta C/\Delta L + I + Bc \tag{1}$$

$\Delta(V \cdot Cv)$	：干潮と満潮の間の現存量の変化量（時間変化項）
V	：干潟海域の容積
Cv	：干潟海域内の容積平均濃度
$V \cdot Cv$	：干潟海域内の現存量
$Q \cdot Ca$	：容積変化に伴う物質の干潟海域と沖合間の出入り量（移流項）
Q	：干潮と満潮の間の容積変化量
Ca	：干潟域と沖合域との境界面の平均断面濃度
$Ao \cdot K \cdot T \cdot \Delta C/\Delta L$	：断面境界を通じての拡散による物質の出入り（拡散項）
Ao	：干潟と沖合域の境界断面積
K	：広義の水平拡散係数
T	：干潮と満潮間の時間
$\Delta C/\Delta L$	：干潟海域と沖合域との間の物質の濃度変化率
I	：陸域からの負荷（負荷項）
Bc	：干潟海域内での生物作用による現存量の変化量（生物変化項）

計算原理は簡単だが，断面や体積の平均濃度などを求めるための平均操作や拡散係数の見積もりなどには大きな誤差が入り込みがちなので，時空間的にかなり密な観測が必要と

なる．観測回数は多ければ多いほど精度がよいが，6時間間隔で連続4回程度の観測を行ない，1日当たりの物質収支を得るのが限界である．収支を計算する物質はPON，DTNである．

収支計算で得られるPONおよびDTNの生物変化量（Bc）はマクロベントスなどによるPONの除去（摂取）およびDTNの排出に加え，干潟海域内部での光合成によるPONの生産およびDTNの取り込みをそれぞれ含んだ見かけの値であるため，実質的な干潟海域内に

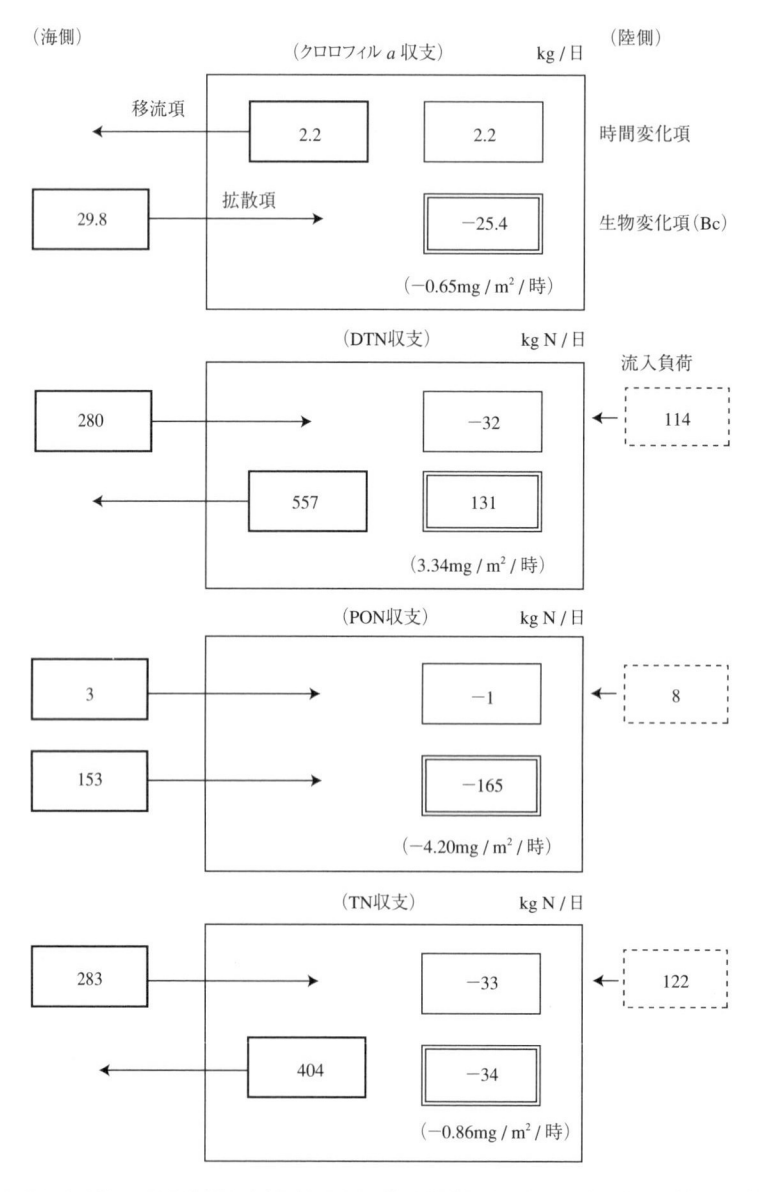

図1・18 三河湾一色干潟対象水域（1.65 km^2）の夏季1日（1994年6月22日〜23日）当たりのクロロフィルa，DTN，PON，TN収支．括弧内の数値は単位面積，単位時間当たりの生成消失速度[10]

おけるPONやDTNの生物作用（マクロベントスなどによる摂食，代謝）による生成・消失（Bp）を求めるためには，干潟海域内部での純生産速度（PP）を別に観測し（2），（3）式により考慮する必要がある．

  PONの場合   DTNの場合

  Bp = Bc − PP （2）   Bp = Bc + PP （3）

  Bp：干潟域における生物作用によるPON，DTNの実質的な生成・消失速度

  PP：純生産速度

図1·18に三河湾一色干潟1日当たりの収支[10]を示す．この時PONは負荷を含めた総流入量と殆ど同量が干潟上で消失（−4.2 mg/m²/時）する結果となっている．DTNは逆に干潟上で生成（3.3 mg/m²/時）しており，合計したTNでは−0.9 mg/m²/時程度で消失する結果になった．これら生物変化項にボックス内部での純生産分（PP）2.1 mg/m²/時を考慮すると，PONの実質的な生成消失速度（Bp）は−6.3 mg/m²/時，DTNの場合のBpは5.4 mg/m²/時となり，TNは−0.9 mg/m²/時で変わらない．

一方，伊勢湾小鈴谷干潟の1996年6月の収支[11]（図1·19左図）を見ると，単位面積当たりのPON収支における生物変化項Bc（−4.2 mg N/m²/時）は一色干潟の値（−4.2 mg N/m²/時）と全く同じであったが，干潟海域内の純生産速度を考慮したBp（−9.9 mg N/m²/時）は，

上値：kg N / 時
下値：mg N / m² / 時

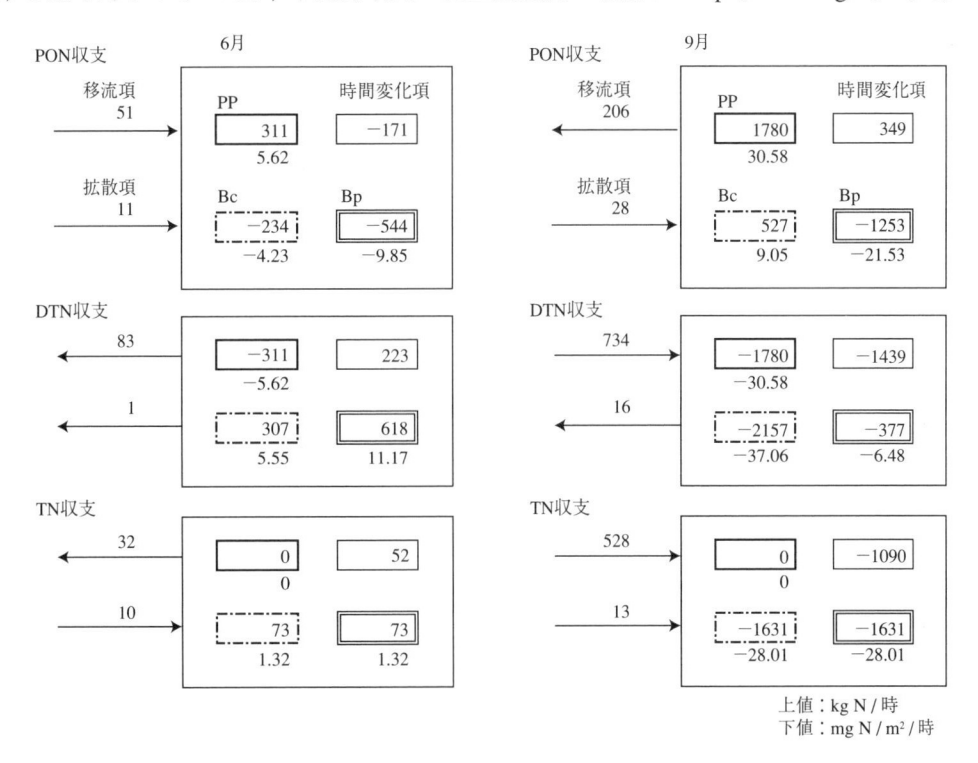

図1·19 伊勢湾小鈴谷干潟対象水域（2.34 km²）の夏季（1996年6月3日〜4日）および秋季（1996年9月25日〜26日）の1日当たりのPON，DTN，TN収支[11]．

一色干潟のそれ（−6.3mg N/m²/時）よりもやや高い値であった．一方，DTN収支でのBc，Bp（それぞれ5.6mg N m²/時，11.2mg N/m²/時）は一色干潟の値（それぞれ3.3mg N/m²/時，5.4mg N/m²/時）より高く，PON収支におけるBc，Bpを上回り，TN収支では一色干潟とは逆に1.3mg N/m²/時の溶出となった．

　三河湾一色干潟と伊勢湾小鈴谷干潟の共通点と相違点を整理してみると，共通点は両干潟とも懸濁態では水中からの除去が起こっており，溶存態では逆に底泥からの溶出が起こっていたことである．相違点は一色干潟ではPON収支とDTN収支を合算したTNベースでも除去となり，二次処理機能と三次処理機能を併せもっていたが，小鈴谷干潟ではDTNの溶出がPONの除去を上回ったことにより，逆にTNベースで溶出となり，二次処理機能は一色干潟とほぼ同じ水準であったが三次処理機能がなかった点である．これは矢作川河口域に発達した一色干潟に比べ小鈴谷干潟は底泥からの溶出栄養塩を吸収する付着藻類やアマモのような大型藻（草）類が少ないためと推測されている．しかし，いずれの干潟においても三次処理的機能は除去であれ，溶出であれそれほど大きくはない．

4・3　水質浄化機能の事例紹介

（1）ボックスモデルによる解析例

　同じ海域でも時間的に大きく変化する例を見てみよう．三河湾中央域北部に位置する一色干潟域において1984年と10年後の1994年にボックスモデルによる水質浄化機能の定量化に関する研究が東海区水産研究所[9]，愛知県水産試験場[10]によりそれぞれ行われた．

　図1・20に両観測時における干潟域での窒素の存在状態別の収支計算の結果得られた生物変化項の値を示す．

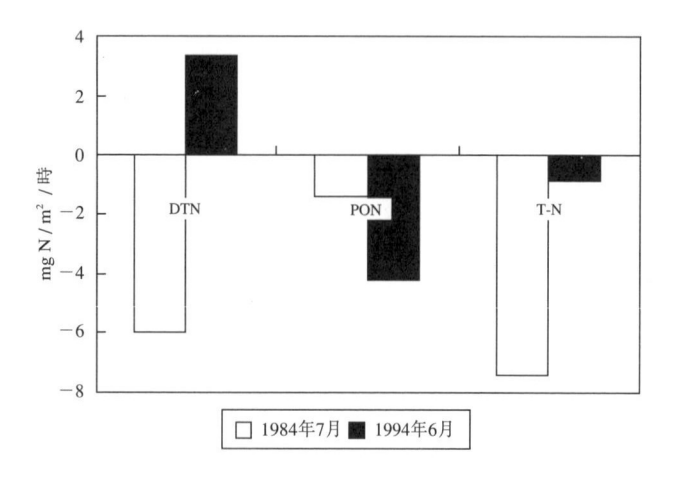

図1・20　三河湾一色干潟における1984年7月と1994年6月における各態窒素収支の比較（DTN：溶存態総窒素，PON：懸濁態有機窒素，TN：総窒素）

1984年の懸濁態有機窒素（PON）収支では1.4 mg/m^2/時の干潟上での消失が計算され，溶存態総窒素（DTN）収支ではその約4倍の6.0 mg/m^2/時の消失であった．その結果，総窒素（TN）収支では合計7.4 mg/m^2/時の大きな消失となった．一方，1994年ではPON収支が4.2 mg/m^2/時の消失に対し，DTN収支は3.3 mg/m^2/時の生成で，TN収支では0.9 mg/m^2/時の小さな消失となった．簡潔に言えば，1984年に比べ1994年では二次処理機能であるPON除去能力は向上（－1.4 mg/m^2/時→－4.2 m/m^2/時）したものの，三次処理能力であるTN除去能力は大きく低下（－7.4 mg/m^2/時→－0.9 mg/m^2/時）しており，これはDTN除去能力が－6.0 mg/m^2/時から逆に＋3.3 mg/m^2/時の生成になったことに起因している．

 この生物変化項の大きな相違は観測時の底生生物群集の構造の相違に起因している．表1・5に生物現存量の比較結果を示した．

表1・5　1984年7月と1994年6月における三河湾一色干潟域底生生物および大型海草・藻類現存量（単位：g N/m^2）

生物項目	1984年7月		1994年6月
バクテリア	0.096		0.021
付着微小藻類	0.183	↑	3.386
メイオベントス	0.076		0.013
マクロベントス	4.010	↑	6.465
濾過食性者	3.334	↑	5.080
（アサリ）	0.750		2.997
表層堆積物食者	0.131		0.628
下層堆積物食者	0.015		0.304
肉食者，腐食者	0.530		0.455
底生生物合計	4.365		9.885
大型藻（草）類	1.680	↓	0.124
アオサ類	0.580		0.023
アマモ，コアマモ	1.110	↓	0.101

 1994年6月とその10年前の1984年7月との主な相違点としては，①マクロベントス現存量が1.6倍に増加し，特にアサリは4倍になっている，②付着微小藻類が大幅に増加している，③大型海草（アマモ）・藻類（アオサ）がそれぞれ9％，3％程度に減少している，といった3点があげられる．ちなみに一色干潟を利用する2つの漁業協同組合（衣崎漁協，吉田漁協）の貝類漁獲量も1.6倍程度に上昇している．これらの比較から二次処理機能が高まった理由としては上述①，および間接的に②の要因が考えられ，三次処理機能が低下した理由としては，③の要因が考えられた．1984年当時の大型海草・藻類の生産速度をDTN吸収速度と仮定[9]すると，1994年のDTN収支は3.2 mg N/m^2/時減少し，TN収支は0.9 mg N/m^2/時から4.1 mg N/m^2/時の消失となり1984年の結果に近づく．大型海草の葉上に大量に存在する付着藻類によるDTN吸収を考慮すればさらに近い値になると思われる．

 この図1・20に示したボックスモデルによるPON，DTN，TN生成消失速度と表1・5の生物現存量の比較は干潟の水質浄化機能が定常的なものではなく，二次処理的機能は濾過食

性マクロベントスによって，三次処理機能は大型海草・藻類の繁茂の程度によって変化する可能性を示している．次に，その機構を詳しく見るために行った生態系モデルによる解析を紹介する．

(2) 干潟生態系モデルによる解析例

干潟生態系モデルはオランダ，エムス干潟の物質循環を扱ったBaretta & Ruardji [19]のモデルが最も有名であり，日本の干潟生態系モデルの多くはこれを参考としている．干潟生態系を構成する生物要素（濾過食性マクロベントス，堆積物食性マクロベントス，メイオベントス，バクテリア，付着微小藻類，大型海藻（草）類，デトリタス）や化学要素（間隙水中および水中の無機三態窒素，溶存態有機窒素）および干潟直上水中の無機三態窒素，植物プランクトンのそれぞれについての生理的特性や物理・化学的特性について定式化した上で，個々の要素ごとに収支方程式をたて，それらを連立させて解くという方法である．目的によっては窒素以外にリンや溶存酸素を同時に解いたり，より詳細な生物区分を行ったりする例もある．

図1・21a, bは干潟生態系モデルによる1984年と1994年の計算結果である．正確には鈴木ら[13]の結果ではなく，そのモデルをベースに2002年度に愛知県水産試験場にある干潟メソコスムで得られた観測結果によって再現性の検証とパラメーターの一部変更を行ない再計算した結果である．ボックスモデル結果（図1・20）との比較は右側に「収支」と表現してあるフラックス値で行える．単位をそろえて値を比較すると，1984年のDTN収支を除いては非常によく一致する．全体の傾向もよく一致している．1994年は1984年に比べPON除去能力が3.6倍高くなっているが，DTN除去能力は17.2 mg N/m^2/日の消失から逆に57.5 mg N/m^2/日の生成になり，TN除去能力も38 mg N/m^2/日の大きな消失から半分以下の16.5 mg N/m^2/日に低下している．干潟域内部の物質循環フラックスを見てみると，このように収支が変化した理由は主として懸濁物食性マクロベントスによる濾過摂食量の増大（109→179 mg N/m^2/日）と大型海草・藻類の栄養塩摂取の低下（83→4 mg N/m^2/日）によっていることがわかる．ただ，1984年のDTN収支が消失にはなっているがボックスモデルの結果よりもかなり小さめの値となった．

今のところ考えられる理由は次の3つである．

①海草・藻類の栄養塩吸収をモデルで過小評価している可能性である．なぜなら再現性の検証を行った干潟メソコスムには海草・藻類は存在しなかったため，海草・藻類存在下での栄養塩動態の検証が十分ではないからである．葉上付着藻類の吸収を考慮していないことも考えられる．

②ボックスモデルはある瞬時の測定値であるが，生態系モデルは現存量やその時期の日照条件などの外部条件を入れ，計算がほぼ定常に達した時の平均的な値だという違い

第1章　干潟・浅場の基礎知識　41

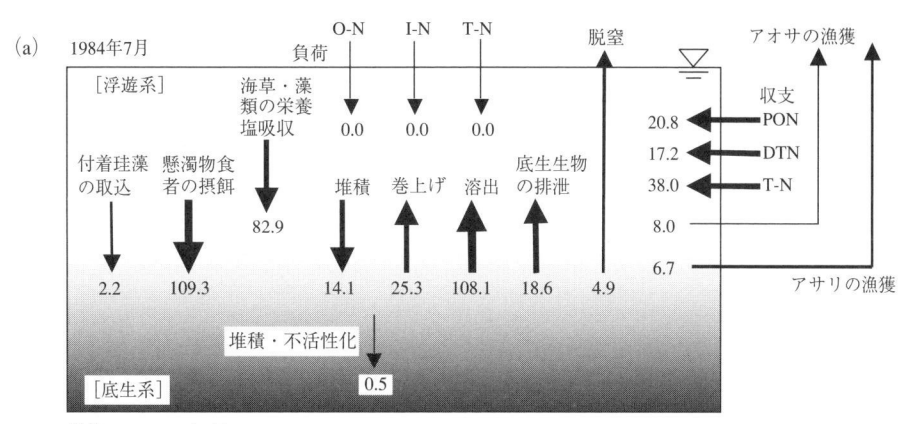

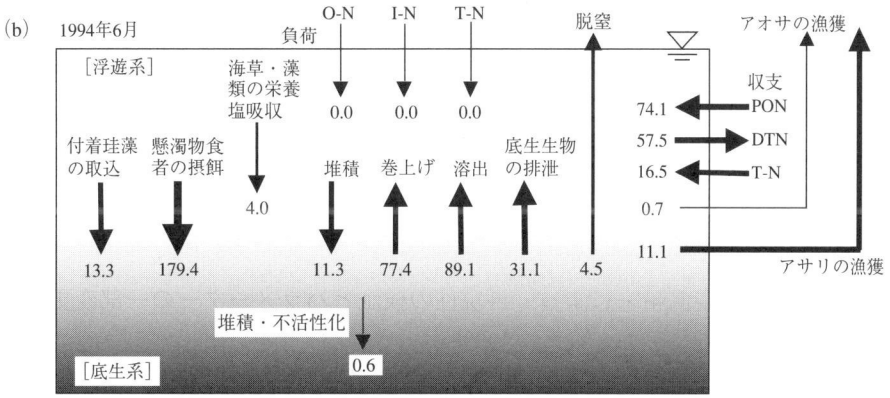

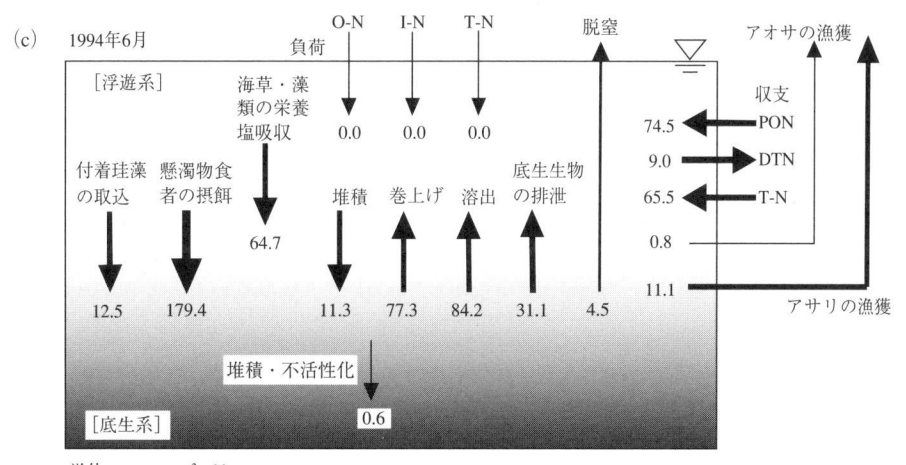

図1・21
(a) 干潟生態系モデルによる1984年7月の窒素循環および収支
(b) 干潟生態系モデルによる1994年6月の窒素循環および収支
(c) 干潟生態系モデルによる1994年6月の海草・藻類現存量のみを1984年7月の値に置き換えた時の窒素循環および収支

である.

③ 1984年のボックスモデルでの生成・消失速度の見積もりに海草・藻類以外の他の要素,例えば大きな脱窒過程が関与していた可能性である.モデル計算では両年ともほぼ同じ小さな値になっているが,脱窒速度は観測者や観測時,測定方法によって非常に大きな差が見られるため,理由はわからないが1984年が特異的に高かった可能性はありうる.今後のモデル精度向上の大きな課題の1つと思われる.

数値モデル利用の最大の利点は様々な思考実験が可能だという点である.1994年6月の濾過食性者の存在と1984年7月の大型海草・藻類の存在が競合しないという仮定に基づき1994年6月の海草(藻)現存量だけを1984年7月の現存量に置き変えた数値実験(図1・21c)では,大型海草・藻類の存在によって,TN収支で表される三次処理機能が大幅に向上($17 \rightarrow 66$ mg N/m^2/日)することが予測された.1984年時点は三河湾ではもうすでにアマモ場が大きく減少していた時期にあたるため,それ以前ではこの計算結果よりもさらに三次処理機能が高く,湾全体の栄養塩収支にも大きく関与していたと推定される.

(3) 干潟域のアマモ場の役割

アサリも増え,アマモも増えるのが干潟域の水質浄化機能の発現にとって理想的であるが,上述(1)および(2)で述べた結果から見ると,アサリも増えてアマモも増えるという理想的な形にはいかないかもしれない.干潟とアマモ場を全く別の場のように分離して物質循環を評価している傾向も見られるが,アマモ場は干潟域生態系の一構成要素であるということを忘れてはならない.何故,1984年に比べ1994年にアマモ場やアオサが大きく減少したのかはわからないが,1994年のマクロベントス現存量の水準向上は,大型海草・藻類の減少が干潟表面への光量を増加させ付着藻類生産力を高めるとともに,吸収されなくなった無機栄養塩類が植物プランクトンの干潟内部生産に振り向けられることによって濾過食性マクロベントスの餌料環境を大きく向上させたことによっていると思われる.アマモ場が消失した分,二枚貝漁場の面積が増加したこともあると思われる.

現在の重要課題である貧酸素水塊規模の軽減にとって二次処理機能が重要か,三次処理機能が重要かは浮遊系と底生系を結合した三河湾全体の水質シミュレーションによって評価しなければならないが,両者の共存が最も自然な形と思われる.

今回紹介したボックスモデルや生態系モデルの結果は二次処理機能と三次処理機能とは同一の海域では競合してしまう可能性を示唆している.大型海草・藻類の減少は二枚貝類の漁獲量の増加によって一部三次処理機能を促してはいるが,栄養塩類の除去という三次処理機能の増加を図るためには大型海草・藻類の増加がより効果的であることをこれらの結果は示しており,そのためにはある程度の二次処理機能や二枚貝類の漁獲の減少を前提にしなければならないかもしれない.アマモ場は魚類幼稚仔の生育場としての重要な機能[20,

[21]) も有することを考慮すると1994年以降の干潟域の状況がよいとは決して言えない．玉置・新井[22]) はアマモ場における肥料採取などによる適度な人為的攪乱がアマモ群落の空間構造を多様化させ，より生産性の高い豊かな海にしているという「里海」としての可能性を示唆している．推測の域をでないが，人の手が全く入らないとアマモ場はどんどん場を占有し，一面緑のカーペットのような状態になり，かえって水質浄化機能も落ちてしまう可能性もある．飛躍を恐れずに言えば干潟域の水質浄化機能を最大に維持するには人為的な寄与によるある一定の適正な存在比があると考えている．

（4）懸濁態有機物が急増した時の干潟域の浄化機能

三河湾や伊勢湾では頻繁に赤潮が発生し，赤潮の終焉とともに底層の貧酸素化が進行するが，そのような異常時にも干潟は浄化機能を発現するのだろうか？ という疑問がある．これについては観測時が偶然赤潮発生時に当たった伊勢湾小鈴谷干潟の1996年9月の観測結果（図1・19右図）を見てみよう．この時は *Skeletonema costatum* および *Thalassiosira* spp.の濃密な赤潮が発生しており，純生産速度はかなり高い．

この時の小鈴谷干潟の1日当たりの収支を見ると，PON収支におけるB_pの値は－21.5 mg N/m^2/時という大きな消失で，平常であった1996年6月の観測時（図1・19左図）や一色干潟での値（図1・18）よりも2.2～3.4倍高い値であった．このことは，貧酸素化を誘発する赤潮発生時のような非常に多くの有機懸濁物負荷が海面で一時的に集中して発生した時にも，干潟はそれにすみやかに追随する高い懸濁物除去能力を有していることを示唆している．

小鈴谷干潟におけるTN収支を見ると1996年6月時はPON消失速度（B_p）に見合うDTN生成速度（B_p）がほぼバランスし，TN収支では僅かな生成であったが9月は28.0 mg N/m^2/時と大きな消失速度を示した．これは珪藻の高い純生産速度によるDTNの取込み速度が高かったこととPONの摂取速度が純生産速度によく追随して大きくなったためと考えられる．その際，底泥では懸濁物食性マクロベントスによる大量の懸濁物摂取があったと考えられるが，すぐにそれが溶存態として水中に回帰していない．これは懸濁物食者体内および底泥デトリタスへの蓄積とバクテリアによるデトリタスの分解といった経路を経由するため溶存態の溶出に一定の時間のズレがあるためと考えられる．このような働きにより，赤潮のような広範囲かつ急激な懸濁有機物負荷が発生しても干潟域はそれを摂取・分解するとともにその一部を貯留し，海水への急激な栄養塩の回帰を抑制する緩衝作用があり，付随する急激な貧酸素化を抑制する機能がある．

（5）水質浄化機能の大きさ比較

浄化機能をmg N/m^2/時とかkg N/日という単位で示しても，それらが一体どの位のもの

なのかは理解しづらい．そこで上述の一色干潟についての懸濁物除去能力を経済的側面から評価した例を紹介する．青山ら[23]は一色干潟全体（10 km²）での懸濁物除去能力（約988 kg N/日）と，標準活性汚泥法による下水道処理施設との比較を試みた．これによると浄化能力は日最大処理水量75.8千トン，計画処理人口10万人，処理対象面積25.3 km²程度の下水処理施設に相当し，最終処理施設の建設費が122.1億円，同維持管理費5.7億円と試算された．さらに，下水道施設としては，用地費，管きょ費，ポンプ施設，同維持管理費が必要になり，埋め立て地に建設し，管きょ延長200 kmと仮定すると総額878.2億円と試算されている（下水道施設との比較計算は佐々木[24]や今尾ら[15]に詳しい）．換算の根拠とした懸濁物除去能力は（4）で述べたBcであり，純生産分を含めたBpではより大きな金額となり，さらに赤潮発生時には上述したようにこの数倍の機能をもつためこの数字は極めて控えめな値である．また，この比較で注意すべきことは，下水道処理施設は高濃度少量排水の集約的処理を前提としている点である．下水道処理施設と異なり，浅場の水質浄化機能は，大量かつ低濃度の海水を短時間で処理しているため，上記の費用でこれらと同様な機能を実現できるものではない．

　一色干潟域のマクロベントスによる生物的な海水濾過速度を三河湾口における物理的な海水交換速度と対比してみた例もある．この比較は湾内水からの懸濁物の除去という視点で比較されたものである．

　三河湾の成層期は密度流循環が卓越し，松川[25]は塩分収支から湾口下層から流入した海水は約22日で湾外へ流出すると計算しており，この値は2,630 m³/秒に相当する（宇野木[26]も海水交換速度として1,169 m³/秒という値を得ている）．ちなみにマルチレベルモデルによる数値模擬実験[18]では三河湾口における恒流は風向により1,600 m³/秒～2,600 m³/秒の上出下入と計算されており，これらは比較的よく一致している．一方，チャンバー実験[12]により，一色干潟単位面積当たりの海水濾過速度は，3.4 m³/m²/日と求められた．ちなみに佐々木[9]はこれより高い5 m³/m²/日という値を求めている．濾過食性マクロベントス現存量の高い干潟およびその周辺の潮下帯を含む一色干潟域を約10 km²とし，三河湾の全海水容量5 km³を単純にこの値で割ると147日となり，松川が求めた成層期の海水交換速度の15％に，宇野木が求めた値では34％に相当する．有機懸濁物を多く含む密度躍層以浅の海水容量で計算すればその値も2倍程度に大きくなり，三河湾全体の1.7％に過ぎない一色干潟だけでもその生物的濾過は物理的海水交換に匹敵する値となる．面積と機能は単純な比例関係にはなく，面積的には僅かな干潟域は湾全体の物質循環に大きな役割を果たしている．

（鈴木輝明）

5 アメニティ機能

5・1 景観,磯の香り

　磯の景観といえば,荒天のもとで岩礁に砕ける波しぶきであったり,青く澄んだ空の下,松林と白亜の砂浜に寄せては返す白波といったイメージなどが浮かぶ.こうしたイメージの構成要素は波,砂浜,緑地や空である.一方,湾奥部の海岸部では,そうした海岸風景と異なった景観があるように思われる.例えば,有明の海では,潮汐差が大きく,満潮時と干潮時の海岸景観は全く異なってしまう.干潮時,ゆるやかな勾配でひろがる海岸には,潮が引いて大気にさらされた泥色の底面,その中に波で刻まれた幾条もの波紋,その中を大きく澪筋がうねうねと走る,陸域に近いところでは,小さな漁船が,船底をあらわに横たわっている‥‥そんな状況ではないだろうか.

　このように砂浜海岸,岩礁性海岸や干潟海岸あるいは人工的に作られたウォーターフロント海岸は,訪れた人に対して,安らぎやくつろぎ,あるいは緊張感や嫌悪感などを与えると思われる.ここでは干潟海岸も含めた磯場の景観を地域住民あるいは来訪者がどのように評価しているかを定量的に捉える方法について述べる.

(1) 感性工学と海岸景観評価手法

　近年,計量心理学的手法を用いて人間の感性を定量的に捉え,さまざまな評価に利用する感性工学が注目されている[27].これは,顧客が商品に抱く願望やイメージを,具体的な物理的デザイン要素に翻訳し商品開発へ結びつける技術であり,電化製品,自動車や服飾などの分野で利用され実績をあげている.この方法は,河川・海岸景観に対する住民の感性評価にも適用されつつあり,官学でいくつかの研究が進められている.以下では,感性工学的手法を用いた住民の磯場景観の評価構造を評定する方法を紹介する.

ポイント

景観評価法

　この評価法のポイントは,曖昧で捉えどころがないとされる人間の感性量を,海岸景観に関連する形容詞(例えば美しい,快適な,好ましいなど)で表現し,SD法(Semantic Differential:意味微分法)で数値化し,定量的に取り扱うところにある.具体的には,図1・22のようなわが国の海岸で撮影された写真を被験者に呈示し,個々の海岸景観から受ける印象を,「明るい⇔暗い」,「快

適な⇔不快な」などの相反する意味をもつ形容詞対を5～7段階程度に分割した指標で回答させる方法である．例えば5段階評価においては，次式のように，被験者が最高点を回答したときに1.0，最低点の場合に0となるように次式を用いて重みづけ評価を行う．

$$P = 0.25 \times (4N_5 + 3N_4 + 2N_3 + N_2 + 0N_1) / \Sigma Ni \quad \cdots (1)$$

ここで，Niは5段階のi段階（$1 \leq i \leq 5$）と評価した被験者の数である．この方法で各写真に対して形容詞ごとにP値が得られ，その平均値からSDプロフィールが作成される

一例として，兵庫県明石市の住民40名に対して行われた景観評価で得られたSDプロフィールを示す．年齢構成は世代間の違いをみるために20代11名，30代11名，40代8名，50代10名とほぼ同数になるように配慮している．また，男女別では，男性が17名，女性23名である．図1・22は，被験者が「好ましい」，「雰囲気のよい」の形容詞で，評定が最も高かった自然海岸（鳥取県岩見海岸）および人工海岸（兵庫県大蔵海岸）の写真を示している．図1・23は，この2枚の写真に対するSD評価を20代，50代の世代別に示したものである．この図で特徴的な点として，同じ磯浜であっても，自然海岸に対しては両世代とも同様に評価が高く世代間相違はみられないのに対して，礫浜である人工海浜（大蔵海岸）に対しては，全般に20代の評価が低く，世代間の違いが明瞭に現れていることである．とくに「自然と調和した」，「雄大な」，「派手な」ならびに「懐かしい」という形容詞で両者の乖離が大きい．山口県の片添ヶ浜など他の海岸についても同様の結果が得ら

図1・22 海岸景観写真の例
「自然海岸　鳥取県岩見海岸」（上）と「人工海岸　兵庫県大蔵海岸」（下）

れ，自然海岸すなわち砂浜海岸では，世代間の違いは見られず，礫浜で整備された人工海岸で差異が顕在化した．このことは，礫浜整備のような個性的な海岸整備では，世代間の感性に差が生じる恐れがあること，後背地の住民ならびに利用者の年齢構成を年頭に入れておく必要があることを示している．

図1·24は同じ写真に対する回答を男女別のSDプロフィールで比較したもので，自然海岸に対しては，男女間にほとんど差が認められないが，人工海岸については，女性がやや低く評価していること，特に「潮騒が聞こえる」，「自然と調和した」の形容詞のSD値で女性の評価が低く，人工海浜（礫浜）評価では男女差が見られた[28]．

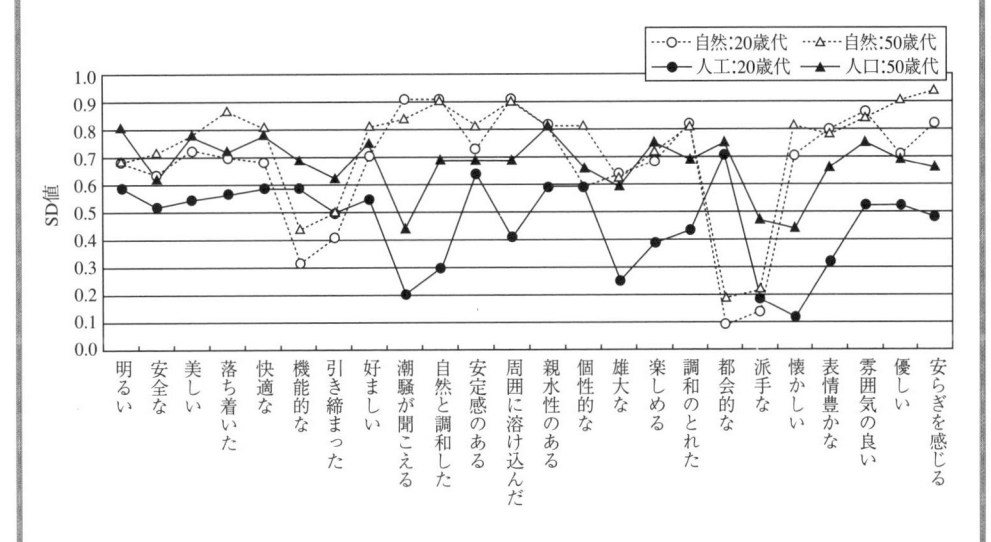

図1·23 自然海岸と人工海岸におけるSD曲線の世代間相違

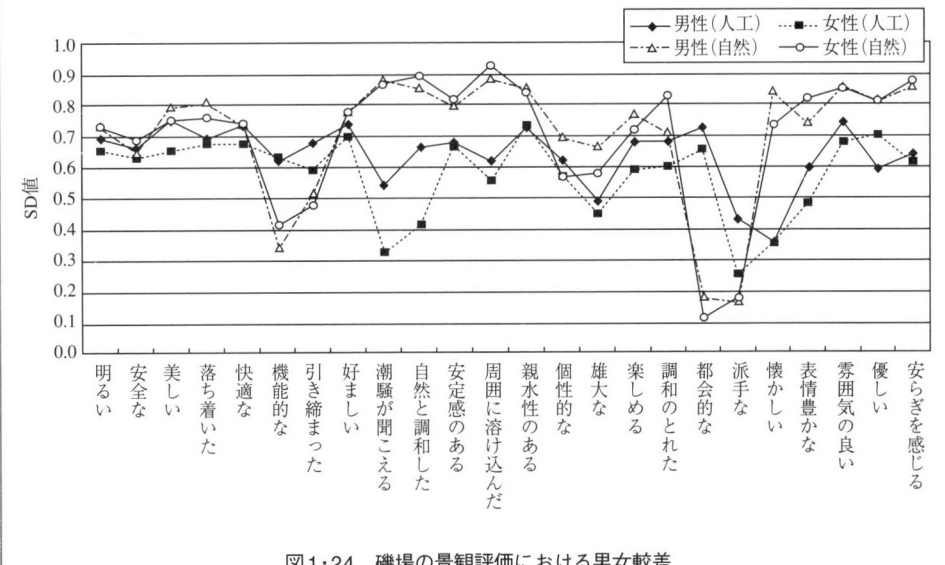

図1·24 磯場の景観評価における男女較差

(2) 景観評価

SD評価法では，被験者ごとに個々の景観に対し感性形容詞を段階評価したデータが蓄積される．これらの多変量データに対して主成分分析を行えば，景観写真の評価指標をまとめることが可能となり，景観の意味空間を把握することが可能となる．これは多くの変量の値を互いに独立な少数個の総合的指標で代表させる手法である．被験者全員のSDアンケート結果に対して，主成分分析の結果（表1・6），海岸景観の支配因子として，「雰囲気のよい」などの「調和性」因子，「機能的な」，「都会的な」などの「都会性」因子，以下「意匠性」因子，「単調性」因子の4因子が寄与率の順に抽出された．図1・25は横軸に第1因子の調和性，縦軸に第2因子の都会性をとって各景観写真の位置づけをみたものである．これより，人工礫浜海浜（第一象限），自然海浜（第二象限），人工ブロック積み海浜（第

表1・6 主成分分析結果（男）

SD指標	主成分					因子
	1	2	3	4	5	
安らぎを感じる	0.239	0.053	0.013	−0.029	−0.029	地域調和性
優しい	0.237	0.124	0.017	−0.05	−0.029	
快適な	0.235	−0.052	0.083	0.013	−0.046	
雰囲気のよい	0.231	0.038	−0.044	−0.03	−0.169	
上品な	0.233	−0.131	0.034	−0.093	−0.023	
好き	0.23	−0.054	0.047	0.086	−0.129	
楽しめる	0.225	0.127	0.053	0.005	0.031	
潤いのある	0.223	0.058	0.051	0.18	−0.035	
女性的な	0.217	0.135	−0.166	0.012	−0.089	
周囲に溶け込んだ	0.191	−0.01	0.126	−0.137	0.048	
力強い	−0.186	−0.155	0.173	0.176	−0.058	
自然な	0.078	0.399	0.288	−0.178	0.199	自然性
懐かしい	−0.045	0.364	0.226	0.235	−0.16	
都会的な	0.143	−0.363	−0.227	−0.021	0.154	
シンプルな	−0.029	−0.355	0.437	0.203	−0.056	
バランスのとれた	0.184	−0.24	0.091	−0.238	−0.011	
親水性のある	0.175	0.147	0.357	0.104	0.102	空間性
広々とした	0.169	−0.091	0.352	−0.002	0.145	
すっきりした	0.145	−0.299	0.32	−0.062	−0.026	
直線的な	−0.182	−0.165	0.207	0.146	−0.136	
目立つ	0.119	−0.255	−0.226	0.493	−0.182	優美性
カラフルな	0.202	0.057	−0.188	0.298	0.046	
明るい	0.2	0.082	0.026	0.249	−0.214	
暖かい	0.21	0.198	−0.078	0.232	−0.121	
動きのある	0.004	0.01	0.02	0.417	0.723	独自性
斬新な	0.218	−0.132	−0.122	−0.118	0.261	
工夫された	0.216	−0.066	−0.136	−0.115	0.249	
落ち着いた	0.205	−0.079	0.013	−0.165	−0.207	
固有値	15.752	3.007	2.207	1.36	1.282	
寄与率	0.563	0.107	0.079	0.049	0.046	
累積寄与率	0.563	0.67	0.749	0.797	0.843	

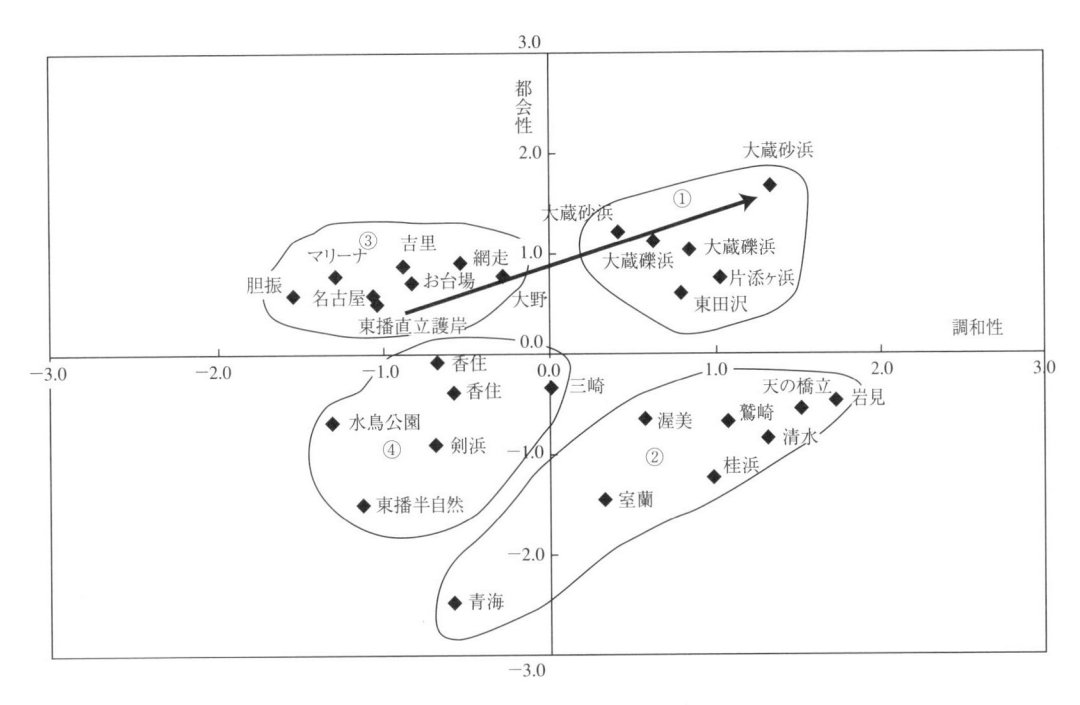

図1・25 海岸景観の意味空間分析

三象限）ならびに半自然海浜（第四象限）の4つの景観群にグループ分けされることがわかる．さらに，第一象限の東播海岸で新たに整備された人工海岸（砂浜や緩傾斜堤などの整備）と未整備の第三象限の直立護岸（消波ブロック）の因子得点を比較すると，調和性の得点が非常に大きくなっており，新たな海岸整備によって市民の評価が矢印に示すように，大きく変化したことが確認できる．このように，意味空間分析によって海岸景観のグループ化ならびに整備事業の効果を定量的に把握することが可能となる．

さらに数量化理論Ⅰ類を用いれば，景観を構成する景観要素（アイテム・カテゴリー）が感性形容詞の評価点に対してどのように影響を与えるか詳細に分析することが可能となるが次の機会に譲りたい．以上，感性工学による景観評価手法を簡単に紹介した．海岸景観の受益者を誰に設定すべきか，住民の感性をどう捉えるべきかなど，検討する課題は多々ある．

(3) 磯の香り

磯の香りもまた，海岸景観とともに，われわれにさまざまな心理的効果をもたらすといわれるが，どのような香り成分が，どのような機構でわれわれに，安らぎやくつろぎを与えるのかについては，明らかにされていない．現段階では，磯の香りの構成成分ならびに組成比も不明であって，当然，その心理的効果もまた不明であるが，いくつかの知見は蓄積されているようである．また，海浜に打ち上げられた海藻も磯の香りの1つであり，緑藻ア

オサ，アオノリなどから拡散する硫化ジメチルの香気成分が知られている．このほか，ワカメからは，セスキテルペンアルコール，キュベノールが拡散し，またコンブからは，脂肪酸由来の不飽和アルデヒド類やアルコール類やカルボン酸がその成分とされる芳香が検出されている．わが国の沿岸域にもっとも普遍的に存在するアナアオサ，スジアオノリなども，同様に海岸に不飽和アルデヒド類やアルコール類が検出されている．さらに海洋動物も磯の香りの発生源であり，マツタケアルコール，キュウリアルコール類などが寄与していることがわかっている．

以上のように沿岸域に存在する動植物と芳香成分との関係はそれぞれに分析，抽出されているが，個々の香り成分が人間の心理に与える影響や効能については，始まったばかりであり，前述の感性工学的な取り組みで，今後，そうした関係が明らかにされ，その利用が広がるものと期待される．

5・2 ふれあいの場

干潟は，潮干狩り，バードウォッチング，磯遊び，釣りなど，レジャーでのふれあいの場，体験学習の場としても重要である．

潮干狩りは太平洋側の内湾を中心に広く行われており，全国で年間490万人が潮干狩りに訪れている[29]．総理府が2000年8月に行った「海辺ニーズに関する世論調査」では，参加した海辺のレクリエーションとして海水浴の次に潮干狩りが多くあげられている．ただし，漁業組合などが稚貝の散布を行っている箇所も多い．

干潟は渡り鳥であるシギ・チドリ類の重要な生息地であるため鳥類が多く，バードウォッチングの場としても重要である．総務省統計局が1996年に行った社会生活基本調査によると，バードウォッチングの年間平均行動日数は約20日で，35才以上の年齢層で高くなっている．

このほか，有明海に面した佐賀県鹿島市の干潟で毎年行われている「ガタリンピック」など，干潟を利用した各種イベントが行われている．

小学校で総合学習の時間が設けられてから，自然学習の分野では，干潟での自然観察が注目されている[30]．干潟での自然観察は，生物の学習に役立つだけでなく，水環境に関する基礎的素養を養うことができる貴重な経験でもある．

このほか，自然保護団体などにより干潟の観察会などが頻繁に行われている．また，千葉県習志野市の谷津干潟自然観察センター，岡山県笠岡市のカブトガニ博物館など，施設を核として干潟に関する環境学習の支援が行われている．たとえば，東京港野鳥公園が主催する干潟に関する行事は日本野鳥の会が企画，実施している[31]．

1999年度からは，文部省と海岸関係省庁が連携して設けた制度である「いきいき・海の

子・浜づくり」により，市町村，教育施設管理者，海岸管理者が共同して，環境教育など
に利用しやすい海岸づくりを積極的に推進している．

(松原雄平)

文　献

1) 秋山章男：干潟のマクロベントスの成帯構造，海洋と生物，1 (1), 11-18 (1974).
2) 堀越増興・菊池泰二：ベントス，海洋科学基礎講座5，東海大出版会，1976, pp.300-302.
3) K.ライゼ（倉田博訳）：干潟の実験生態学，生物研究社，2000, p.26.
4) Whittacker. R. H.：環境アセスメント技術ガイド生態系，(財) 自然環境技術センター，2002.
5) 中村　充：海洋環境のデザイン，海洋牧場と海洋農場，彰国社1974, pp.300.
6) Komatsu T.：Influence of Zostera bed on the spatial distribution of water flow over a broad geographic rate. Proceedings of international seagrass biology workshop Rottnest Island, Western Australia, Univ. Western Australia, Parth. 1-6 (1996).
7) 日向博文・戸簾孝嗣：(2005) 東京湾におけるアサリ幼生の移流過程の数値計算．水産総合研究センター研究報告，別冊3, 59-66 (2005).
8) Kasuya T, M. Hamaguchi , K. Fukuyama：Detailed observation of spatial abundance of clam larva Ruditapes philippinarum in Tokyo Bay, central Japan. *J. Oceanography*, 60, 631-636 (2004).
9) 佐々木克之：干潟域の物質循環，沿岸海洋研究ノート，26, 172-190 (1989).
10) 青山裕晃・鈴木輝明：干潟の水質浄化機能の定量的評価，愛知県水産試験場研究報告，3, 17-28 (1996).
11) 青山裕晃・甲斐正信・鈴木輝明：伊勢湾小鈴谷干潟の水質浄化機能，水産海洋研究，64, 1-9 (2000).
12) 青山裕晃・鈴木輝明：干潟上におけるマクロベントス群集による有機懸濁物除去速度の現場測定，水産海洋研究，61, 265-274 (1997).
13) 鈴木輝明・青山裕晃・畑　恭子：干潟生態系モデルによる窒素循環の定量化－三河湾一色干潟における事例－，*J. Adv. Mar. Sci. Tech. Soci.*, 2, 63-80 (1997).
14) 鈴木輝明・青山裕晃・中尾　徹・今尾和正：マクロベントスによる水質浄化機能を指標とした底質基準試案－三河湾浅海部における事例研究－，水産海洋研究，64, 85-93 (2000).
15) 今尾和正・鈴木輝明・青山裕晃・甲斐正信・伊東永徳・渡辺　淳：貧酸素化海域における水質浄化機能回復のための浅場造成手法に関する研究，水産工学，38, 25-34 (2001).
16) 中田喜三郎・畑　恭子：沿岸干潟における浄化機能の評価，水環境学会誌，17, 158-166 (1994).
17) 木村賢史・三好康彦・嶋津暉之・赤沢　豊：人工海浜の浄化能力について (2)，東京都環境科学研究所年報1991, 141-150 (1991).
18) 鈴木輝明：貧酸素化，沿岸の環境圏（平野敏行編），フジテクノシステム，1998, pp.475-479.
19) Baretta, J. W. and P. Ruardij (1988)：Tidal Flat Estuaries. Simulation and Analysis of the Ems Estuary. Ecological studies 71. Spriger & shy; Verlag, 1988 : 353pp.（日本語訳　中田喜三郎監訳：干潟の生態系モデル，生物研究社，1995).
20) 小松輝久：第5章沿岸漁場環境，第2節，幼稚仔成育場の環境，(2) 藻場・海中林，沿岸の環境圏，フジ・テクノシステム，1998, pp.407-419.
21) 鈴木輝明・家田喜一 (2003)：三河湾奥に存在するアマモ場内・外の魚類群集の相違，愛知県水産試験場研究報告，2003, pp.21-24.
22) 玉置　仁・新井章吾：生物の蝟集効果に及ぼすアマモ場の群落構造の影響，アマモ場造成と生物多様性の保全，

海洋と生物，153, 316-321（2004）．
23) 青山裕晃・今尾和正・鈴木輝明：干潟域の水質浄化機能，月刊海洋，28, 178-188（1996）．
24) 佐々木克之：内湾および干潟における物質循環と生物生産（26）干潟・浅場の浄化機能の経済的評価，海洋と生物，115, 132-137（1998）．
25) 松川康夫：内湾域における物質輸送機構と窒素，隣の収支と循環に関する研究，中央水産研究所研究報告，1, 1-74（1989）．
26) 宇野木早苗：内湾の鉛直循環流量と河川流量との関係，海の研究，7, 283-292（1998）．
27) 長町三生：感性工学，海文堂，1989, pp.25-26.
28) 熊谷健蔵・松原雄平：感性工学的手法による海岸景観評価手法に関する研究，土木学会海岸工学論文集，第48巻，2001, pp1326-1330.
29) 建設省河川局防災・海岸課海岸室監修：海岸ハンドブック(1999-2000)，社団法人全国海岸協会，1999, p.187.
30) 花輪伸一：なぜ干潟を守るのか－環境NGOの役割－，海洋開発論文集，第18巻，2002, pp.37-42.
31) 中瀬浩太・林 英子：埋立て地に造成した人工干潟の環境変化と環境管理東京港野鳥公園の事例，第18巻，2002, pp.31-36.

第2章 干潟の造成

1 事前の考慮

　今日のわれわれを取り巻く環境は，地球規模から地域規模まで，人的な活動の結果として，危機的なあるいはひん死の状況に置かれている，あるいは置かれつつあるといえる．

　わが国の海岸，河川の「水」に対する社会的な認識としては，明治以降近年まで，洪水，高潮からの防災対象として，交通路，さらに「水資源」として水力発電，工業用水や農業用水への利用が目的であった．それら「水」をわが国特有の現代技術で対応してきたことによって，今日の経済的に豊かな日本を作ってきたといっても過言ではない．一方その結果が，水の循環の機構，流域や地域の生態系の機能の変化をもたらし，環境への配慮が不足していたことを示すようになった．

　沿岸の浅場の現状は，埋め立て，浚渫，人工護岸，河口堰，汚染物質の流入，土砂採取，富栄養化や貧酸素水塊，帰化植物・動物の進入などで様々な課題がある．沿岸の浅場はそれにつながる陸域からの影響として，山林の荒廃，湿地などの埋め立て，農地の開墾や放棄，河川水の利用と管理，都市の拡大，下水道の整備や道路の建設など社会的活動，地域住民の土地利用と生活スタイルの変化などに伴う負荷の増加などによって，かつてないほどに影響を受けている．近年の海岸法（1999年），河川法（1997年）などの干潟に関係する法律の改正は，各事業に河川や海岸の「環境への配慮」を行うことを義務づけた．そのために健全な水環境に向けて，流域の視点からあるいは治水と利水との調和のもとに「水」環境の実現をしようとしている．さらに，2003年度から自然再生推進法を中心にして，「過去に失われた生態系，自然環境を取り戻す」ために，いろいろな施策が「水」環境で進められようとしている．今日の「持続的な環境」への対応を迫られているのである．干潟造成の事業を行うには，その環境を持続可能な環境にすることを念頭にして進めることが必要になる．そのための考え方や手法は，「環境アセスメント」の手法，とりわけスコーピングの手法が重要である[1]．その結果，いわば，「持続可能な発展」の達成のためには，事業

に限らず，あらゆる意思決定に環境配慮のためのメカニズムを組み入れるべきという考え方，事業計画の早い段階から地域の実情に合った計画作り，そして戦略的環境アセスメント（SEA）に一歩でも近づけることが有効だといえる．

1・1　系の大きさ（時間と空間）

干潟造成を企画・立案するときには，事業対象地域での生態系，防災，利用の相互関係をどのように認識しているかが重要である．そのために，まず事業の対象とする環境の単位をどのように念頭に入れるかが重要となる．余りに狭い範囲の系を対象とすると系外への収支が考えにくく，また，余りにも大きい系だとすると地域，流域までに影響範囲が広がるので，干潟造成の事業の評価対象には適さない．

系を考える1つの例として，海岸の地形を持続させる系として考え，海岸までの土砂の移動・補給を考えれば，河川の上流から下流までの土砂系を一体として考える必要がある．これまでは河川の「事業」は「防災」という1つの観点から，ダム，護岸，砂防事業などが主として行われてきた．上流や中流のダムの建設は，その当初の目的となる，電力，農業用水，水量調整などの目的は果たせたが，一方でダムへの堆砂，下流への土砂供給を減少させた．その結果，水害からは解放されたが海岸の地形変化，特に浸食があちこちで起こった．また浸食を防止する目的で，海岸に防波堤，離岸堤などの造成工事が行われたが，それがさらに新たな地形変化や環境変化をもたらしてきた．つまり，河川の事業は短期的には地域の産業，社会の富を生み，防災技術の発展をもたらしたが，他方，50年や100年の長時間スケールでは防災以外の別の次元の環境に変化や影響・破壊をもたらした．

これからは事業を計画する場合には，影響や評価について時間，空間スケールをどこまで考えた事業であるかを地域特性に応じて事前に考慮しておくことが重要である．

1・2　生物多様性

生物多様性には，野生の生物の直接的利用価値（食料，原材料，渡り鳥の休息地など），間接的利用価値（洪水，温暖化，観光，景観など），倫理的価値（歴史的，芸術的，宗教的など）がある．今，持続的な環境を維持するために，地球環境の「生物多様性」の保全が求められている．このような持続可能な環境を目指す観点からは，干潟造成は「生物多様性」を確保する場を造る事業ともなりえる．つまり，新しく干潟造成することによって生物保護地域の設定，危惧種の保全，生態系の保全などに利用できる可能性を有している．そのために，事業者にとっては，事前に干潟の機能や生態系についての知見を熟知しておく必要がある．

1・3 環境への配慮

(1) 環境配慮の考え

「環境への配慮とは？」を具体化する方法について述べる．「干潟」そのものには多元的な価値（生態系の機能，水産業，景観，経済性など）が存在する．それゆえ「干潟造成」については，いろいろな立場での「環境」という枠内での価値観の相違はある．また，「環境」と他の価値（経済性，地域社会への影響など）との比較や評価は不可避であるとともに，「環境」内部の価値観よりもさらに相違の程度は大きい．ここで重要なのは，情報の交流によって，価値観の相違を可能なかぎり縮めることへの努力が必要なのである．そのために，事業者による情報開示をはじめ，いろいろな立場からの意見提出，その意見の検討，判断のプロセスの公開が現行の行政のルールにおいて決める，いわゆる「環境影響評価制度（環境アセスメント）」を行うことである．往々にして，これまでの環境アセスメントは科学的な結論のみが重視されてきたが，これからは，手続きの進行の中で，どのようなプロセスで結論

> **ポイント**
>
> **干潟造成と参加型アセスメント**
>
> 干潟造成に係わる周辺環境や市民社会への配慮を考えておく必要がある．造成事業はそこの自然環境を変化させる行為であるので，その影響の及ぶ範囲や大きさなどを事前に考慮しておくことは重要である．なるべく企画・計画の早い段階で考慮しておくことが望ましい（戦略的環境アセスメント）．参加型アセスメントの基本的な構造と情報の流れを図2・1 [2] に示す．つまり，事業の「環境」へのスコーピングの充実と事業の「環境」以外の多元的な価値を，あらゆる立場の人が合理的な判断を行うプロセスを推し進めることである．
>
> 図2・1 参加型アセスの基本的な構造と情報の流れ[3]

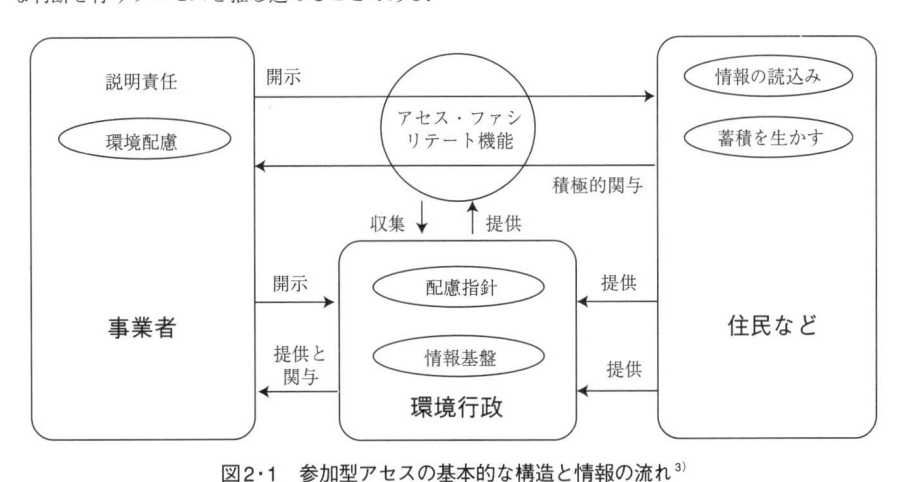

に至ったかが重要である．価値観の相違は決定内容でなく，決定に至るプロセスの合理性への社会の信頼によって調整される．また，そのためには，地域住民も，行政，事業者，専門家とともに，地域の事業に注目するとともに，事業への意見を積極的に出す必要がある．

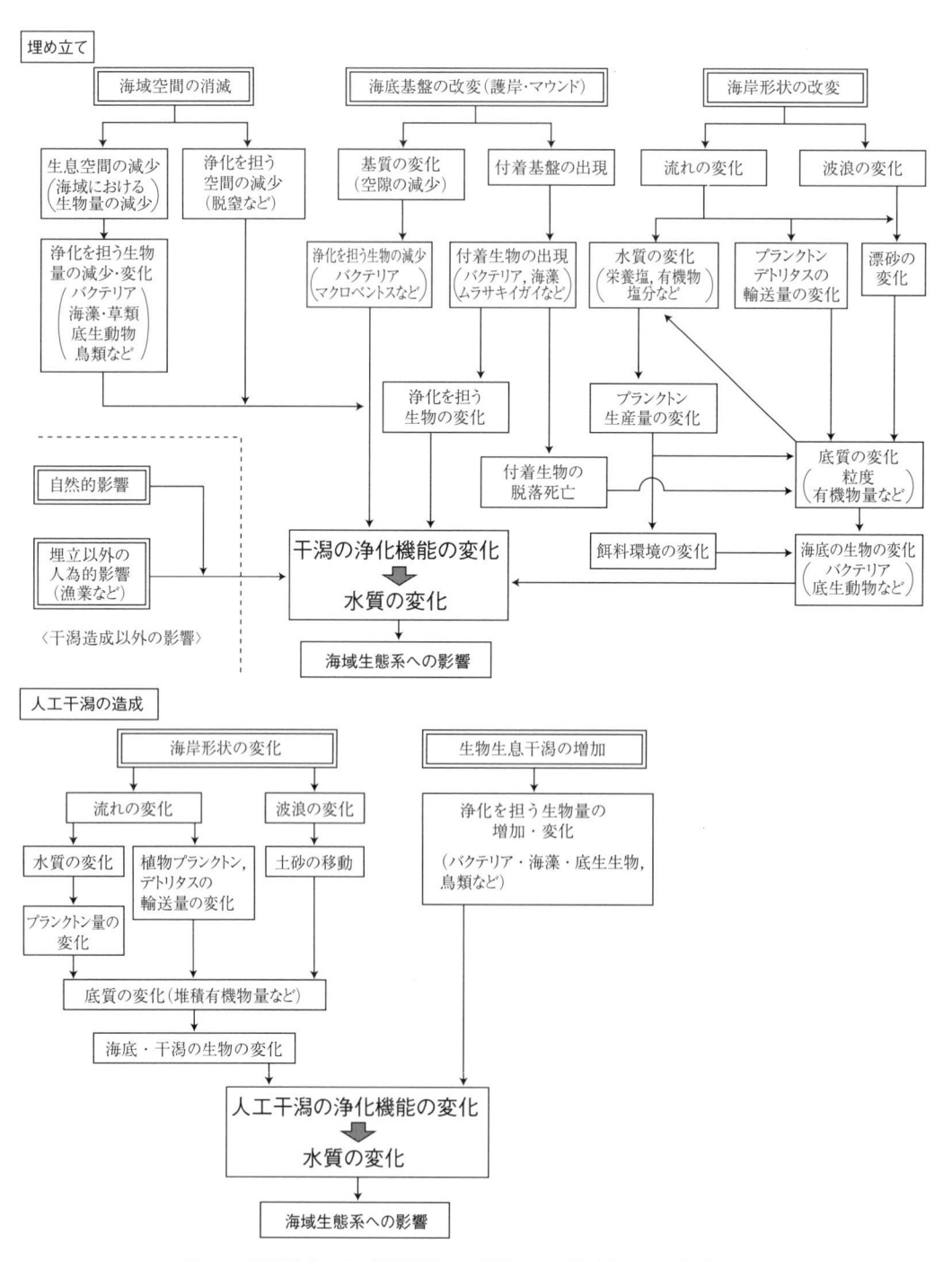

図2・2 干潟造成による周辺環境への影響フロー図（上図は文献1）による）

a) 干潟造成の目標・目的の設定，場所・規模および材料「造成する土砂」の選定

　干潟造成の目標・目的には絶対的あるいは相対的なものがある（後述）．

　干潟造成による周辺環境への影響フロー図の作成をまず行う．

　例えば，埋め立て，干潟造成による環境への影響フローを図2・2に示す．ここで明らかになることは，埋め立て，干潟造成という事業が干潟・浅場の環境・生物などに影響を及ぼしていること，そのことによるメリットとデメリットがより明確になる．そうすることによって造成事業と周辺環境の関連が把握しやすい．対象の干潟・浅場の環境のどの部分を重点的に維持・管理するか，或いはモニタリング時における環境因子の測定項目の選定などが計画しやすくなる．さらに干潟造成が干潟・浅場の生態系のどの部分への影響予測をするかなどの優先順位を事前に知ることができる．

　干潟の造成の目的が，親水性の触れ合いの場，水質浄化，アサリ漁場など，また，複合機能の目的，いろいろと造成される場所・その大きさと目的とする機能との関連を影響フロー図として作成すると更に造成の目標・目的が明確になる．

　次に，「造成する土砂・石」を何処からもってくるか，例えば，材料，場所，管理などにも課題が多い．

　①覆砂に用いる原料となる土砂は，これまでは同じ海域の浚渫土砂あるいはそれらを加工して用いたり，あるいは近くの山などから採掘した土砂を直接用いたりする．最近では，製鉄の過程で出てくる鉄鋼スラグ（この場合は，高炉水砕スラグ）を混ぜた土砂などが試験的に利用され，その成果も少しずつ出ている．鉄鋼スラグの活用についても，利用のメリットも大きいが，覆砂や埋め立てに用いる土砂の性状（組成，粒子径，安定度など）が大きく生物環境に影響を及ぼすので，どのような性状が適しているか，いつごろまでには安定した海底を構成するかなどまだ残された課題も多い．

　②覆砂に用いる土砂について事前に考慮すべき課題は，その覆砂海域以外から持ち込まれる場合，土砂に含まれているいろいろな成分，とりわけ，生物に関する課題には，外来生物，外敵生物，異種・遺伝子が異なる種，微生物などによる，対象地域の生態への影響の不安材料が残されているので注意を要する．

　③近くの山などからの多量の土砂採掘によって，とられた土砂の跡地についても，どのように利用・活用するかなどの地域環境への配慮も事前に行わなければならない．

　④造成した干潟を造成後に如何に維持していくかあるいは管理していくかの在り方も地域ごとに工夫を要する．

　造成する干潟の規模は大きいほど，機能を発揮できてよいのであるが，造成可能な空間と予算に限界がある．小さな干潟をいくら作っても機能発揮できなければ無駄になるが，同じ予算の中で，大規模な干潟を1つ作るのと，機能を発揮できる限界の中型の干潟を複数個作るのとどちらを選ぶかといえば，後者がふさわしい場合がある．アサリの幼生が着

床する場所は必ずしも確定しないので,沿岸沿いに複数の干潟を連携させるほうが効果的である.このような干潟の連携は「干潟ネットワーク」(第1章3参照)とも呼ばれている.規模の設定には,このような生態系の連携を考慮した配置の設定とセットで,戦略的に計画することが望まれる(第2章3参照).

b) 周辺環境への影響と周辺の社会・市民への影響

干潟造成事業の企画・計画については,事前に事業について,対象地域の社会・市民が何を望んでいるか,どのような海岸にしたいか,などの意見の収集のために,努力することも必要である.地域には環境基本計画があり,そこには事業者・行政・専門家・市民参加,つまり,共通の理解によって事業を推進することが持続的な社会・環境にとって不可欠である.

ポイント

地域づくり

地域づくりにおける住民参加とその手法の例を示しておく(表2・1)[2)].

表2・1 アセスに活用しうるワークショップ手法の例

住民参加型環境調査	身のまわりの生活環境,大気環境,騒音・音環境,悪臭・かおり環境,生物多様性,歴史・文化環境やまちなみなど,幅広い環境項目で簡易な調査手法が実践されている.これらの調査結果を地図上に整理し,わかりやすくまとめたものが「環境診断マップ」となる.
PCMワークショップ	4つの分析段階(参加者分析,問題分析,目的分析,プロジェクト選択)と2つの立案段階(PDM,活動計画)の6ステップがあり,選択的な活用もできる.平易な言葉で記されたカードを使った作業なので関係者の公平な参加が可能.(PDM:Project Design Matrix,事業概要表)
住民投票ゲーム	複数の代替案に点数を付けて,他人の意見に学びながら,身近な問題からはじめて,計画レベル,政策レベルの抽象的な問題についての重要度を評価し,参加者間で確認しあう.対策の優先順位を検討し,参加者の認識の違いや一致点を確認しあう.対策の優先順位を検討し,参加者の認識の違いや一致点を確認しあったりするのに有効.
コンセンサス会議	科学技術に関する特定テーマについて,専門家ではない一般公募の市民パネリストが,公開の場で,さまざまな専門家ではない一般公募の市民パネリストが,公開の場で,さまざまな専門家による説明を聞き,質疑応答を経て,市民パネリスト同士で議論を行い,その合意をとりまとめて,広く公表する.市民意見の集約に有効と考えられている.

注)PI(Public Involvement:パブリック・インボルブメント)
訳語は「公衆の巻き込み」.さまざまな関係者にたいして計画の当初から情報を提供し,意見をフィールドバックして計画内容を改善,合成形成をすすめる手法.

c）干潟造成の意義付けと住民合意

これまで干潟が存在しなかったところに新たに干潟を造成することは，2つの意味で大きなインパクトを与えることになる．

① 自然環境への影響である．自然を再生するのだから何をしてもよいわけではない．土留堤を造って沿岸に土盛りをしたり，藻場を造るための浅場造成，後背地の植生の造成などは結果的に地形変化，流況・水質変化を生じさせる．このような変化がこれまでの環境に与えるマイナスの影響を正しく評価しておく必要がある．

② 人への影響である．造成しようとする場所はすでにリクレーションや漁業などで人に利用されているかもしれない．前述した干潟造成の目標は，これら先行の利用者や周辺住民の意向も汲み上げて設定する必要がある．

干潟造成には上に述べた場所のほか，費用がかかる．一般に，自然再生事業では経済的効果はあまり期待できない．干潟の場合は，水質浄化効果を下水道費用に代替して評価したり，アサリなどの漁業収穫に換算して経済評価をする試みもある．しかし，なによりも社会的な事業としての位置付けの上で，干潟造成の評価と意義付けを行い，造成のためのコンセンサスを行政，住民，事業者で得る必要がある．

(2) 事業の評価

造成された干潟を如何に管理していくかは，その造成目的が如何に達成されているか，あるいは，付随的に当然起こるであろう予測されない干潟の機能や障害にどこまで対応できるかが課題になる．さらに，モニタリング計画，調査・計測方法，モニタリング結果の解析とその評価，それにかかる経費や時間を考慮することも重要である．造成の事後対策として「維持管理システム」を検討して，一定期間ごとに影響評価を行い，見直しを制度化する（評価・管理システム）ことも必要である．事業の機能評価については，2章3．機能評価で詳細は記述する．

ステップ1　当初の造成目的に対して行われるモニタリングの実施，その結果から推測される造成の管理のためのシステム，委員会，インターネットで意見交換の場を作る．例えば，地域住人，管理責任者（機関代表），モニタリング担当者，NGO，学識経験者などからなる造成の管理委員会，あるいは計画管理委員会などを作る．そこではモニタリング結果から推測される内容の評価など，それに伴うその後の対応，対策を作成する．

ステップ2　造成のメリットやデメリットの広がりの修正ができるシステムを作る．

例1：親水機能を第一目的とした場合，造成地の背後地との連携（道路，景観，公園としての施設など）ができるかどうか．造成面積の確保のために造成地の流失，土砂補給システムができているかどうか．付随的に起こる現象への対応，モニタリングの結果，渡り鳥や魚などの貴重な種が生息や産卵することになったとき，その保護や監視の体制，その

後のモニタリング計画の変更などができるかどうか．また，地域行政と住人との連携，維持管理のための予算の配慮などがどこまでできているか．

例2：生態系の復元を目的としたとき，造成した干潟の部分について，人の手を入れて維持管理する部分，そのまま放置する部分，生物を場から除去する部分，周辺の環境からの影響を制限するなど，造成地や周辺のゾーニングが地域住人との連携でどこまでできるか．それを行うための連携の在り方を検討する．

(3) 事後管理システム

干潟造成ができた場合，干潟の経年的な変化に対応するために，どのように事後に管理していくか，評価していくかが重要になる．

例えば，造成された干潟の変化予測より異なることも生じる．それには自然の外力の大きさ，予測方法の不確実さ，対応した技術が未完成であるなども十分に起りうることである．そこで，造成した干潟を企画・計画の目的達成のためには，事業後にどのように管理していくかは事前に考慮しておくとよい．検討項目を記しておく，詳細は2章2で記述する．

A．「管理目標」を想定しておく．
 ・一定の期間，目的を達したと判断した場合は，その後どれくらいの期間持続させるか．
  元に戻す（復元），そのまま自然の成り行きにまかせる，積極的に継続するなどの場合がある．
  目的を達成しない場合は，どのように修正を加えるかなどの検討も必要になる．
B．造成の企画・計画の目的に対応した，管理項目・手法の設定をする．
  前項で想定された項目に対応して，管理項目・手法（事後モニタリング，事後評価など）を整理する．
 ・干潟造成によって，「造成干潟」が消失する，或いはその勾配・形状が大きく変化する，また生息・繁殖する生物の大量発生或いは生物群集の遷移が起こり，それにより「場」が大きく変化する．つまり，物理環境，生物環境も時間の経過とともに変化するので，柔軟な短期的なモニタリングと長期的なモニタリング計画の策定が必要である．
 ・造成の企画・計画の目的に対応した管理項目・手法だけでなく，事業によって予測の範囲以外に新たに起こる現象に対応できる柔軟な評価と管理項目・手法の導入をはかる．
C．社会の役割を事業に列記しておく
  事業を進めるには，事前に地域の行政，住民，専門家を交えて，いろいろな立場からの意見を基に，計画を進めることが必要なので，行政，地域住民，NGO，

専門家，事業者などの合意形成までの方法などを明確にしておく．

D. 必要経費，継続期間の見積もり
　・事後調査や管理などを行う場合，住民，NPO参加の体制や人材の確保をはかり，その体制を持続していくための費用を確保する．
　・造成した干潟を企画・計画の目標にそって維持管理していくためには，毎年どれほどの経費（土砂，モニタリング，清掃などの管理など）が必要かなどの経費の見積もりも行っておく（維持管理の手順）．

E. 情報公開と評価
　・モニタリングの結果およびその解析を，いろいろな段階で，いろいろな方法で情報公開，情報伝達などを行う．
　・造成によって得られる成果や結果が地域社会や生態系にとってどれほどの寄与をしているかの評価を行う．
　・成果の公開とそれを持続させるか，発展させるかなどの見直しや判断を行う．その手順を決めておく．

（石川公敏・勝井秀博）

2　総合計画（設計・計画）

干潟の計画〜造成の手順を図2・3にフローで示した．計画の段階では，望ましい干潟と

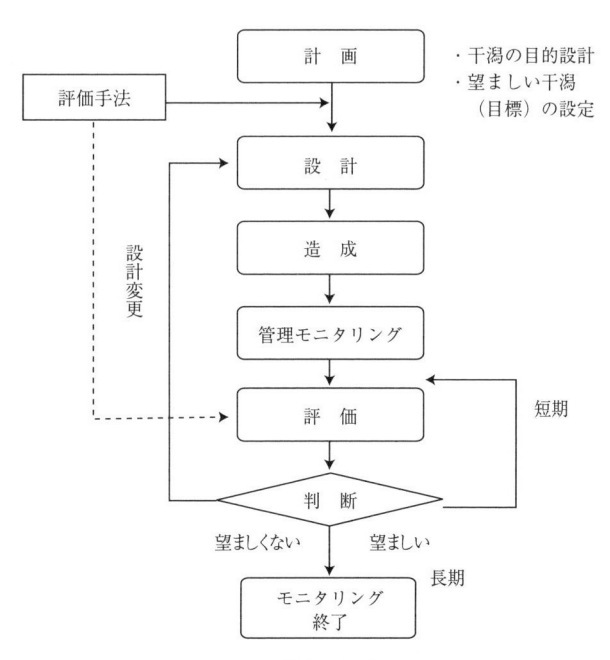

図2・3　干潟設計〜造成のフロー

はどのようなものであるかを地域住民と十分に議論し，地域にふさわしい干潟の特徴を的確に把握することが求められる．また，計画どおりの干潟が実現したか否かをモニタリングによって評価し，常に人間の手を加えながら維持管理することを念頭におかなければならない．

2・1　干潟造成の目標の設定

（1）ミチゲーションとリストレーション

干潟造成の目的は大きく2つに分けることができる．

第1は，沿岸部の埋め立てや海上空港の建設など，沿岸の開発にともなって発生する環境損失（干潟や浅場の消失）を補償するためのもので「ミチゲーション」と呼ばれる．ミチゲーションとはもともと（苦痛を）和らげること，緩和することを意味する言葉で，開発により環境にマイナスの影響が予測される場合，その影響を未然に防いだり（回避），影響をできるだけ少なくしたり（最小化），失われる環境と同じだけの環境を新たに創造する（代償）などの対策をとるということに使われるようになった．ここでは，ミチゲーションを狭く「代償」の意味に使う．

第2は，すでに沿岸部の水域環境が失われている場所に，かつて存在した浅場や干潟など生態系の豊かな環境を復活させるためのもので，リストレーション（復活，再生）という．高度成長期における沿岸環境喪失の反省から，環境影響評価法（1997）や自然再生推進法（2003）が施行されるようになり，日本の各地で自然再生（リストレーション）の取り組みが行われている．

ポイント

ミチゲーションとリストレーション

　ミチゲーションの場合とリストレーションの場合とで干潟造成の目的と目標が異なる．

　ミチゲーションの場合は，開発で失われようとする干潟の再現であるから，目的も目標も明確である．開発で失われようとする干潟が目の前に存在しているので，これまでで述べたような干潟の特徴や機能を十分に調査・検討して，失われる干潟と「同等以上」の干潟を開発地の周辺に人工的に創造する．しかし，新しい干潟を開発地域内に創造する場合（on-site）と，区域外の離れた場所に作る場合（off-site）とでは，干潟の環境条件が異なるから，どのような干潟を作ればその特徴や機能が「同等以上」の干潟と評価できるかがポイントになる．また，新たに作る生態系が失われる生態系と同じ種類（in-kind）の場合はよいが，異なる種類（out-of-kind）の場合，どうすれば「同等以上」と判断できるか難しい．

　生態系の評価手法については，これまでアメリカを中心として，HEP，WET，HGMなど様々な

定量的な評価手法が提案され，事業に使われている（評価手法については第2章4参照）．

リストレーションの場合，目の前に干潟がないので，多くの場合，干潟が消失した時期は数十年前，場合によっては江戸時代以前にさかのぼるかもしれない．そのような場合，そこにあった干潟の特徴や機能，人々が干潟とどう係わったかに関するデータや記録は少ない．再生すべき干潟のイメージが残っていない場合，どのような姿に干潟を計画すればよいのか？　望ましい干潟とはどのようなものか？　それは未来永劫に不変のものか？　を明らかにすることが必要だろう．

（2）干潟造成の絶対的目標

干潟造成の目標には絶対的目標と相対的目標がある．

ポイント

絶対的な目標

理想とする干潟のイメージが定量的あるいは定性的に明確になったもの．干潟を特徴付ける多くの指標の中から，理想とする指標を選び出して，それらを実現するような干潟の設計を行う．計画，設計では，例えば干潟の勾配，底質，水の透明度や生態系の多様度指数などについて，理想となる目標値が明確になっていることが求められる．また，人々が干潟に何を求めるか，すなわち干潟造成の目的によって目標は異なる．表2・2に干潟造成の目的と目標の例を掲げる．

表2・2　干潟造成の目的と目標の例

目　的	目標の例
生態系の保全	多様な生態系の実現，陸上・干潟．水域の連続性の実現
水質浄化	栄養塩類の低減，貧酸素化の解消，赤潮・青潮の解消
景観の保全　観光の振興	アオコ・異臭の解消，透明度の向上，湖岸の生物植物，泳げる水域
水産業の振興	アサリ，シジミ，ワカサギの収穫

例えば，アオコに悩む堀割りや湖沼では，透明度が強く求められ，観光地では景観やアクセス，泳げる水質などの優先度が高くなる．水産業の振興にはアサリやシジミの生産が重要である．また，異なる目標が同時に求められ，互いにぶつかり合うこともある．魚類は動物性プランクトンを餌とするものが多いため，湖沼における魚類の増加→動物プランクトンの減少→植物プランクトンの増大→アオコの増大→観光地としての価値減少のように，観光と水産業とは両立しない状況も現実には存在する．「多様性が高い」，「豊かな生態系」の復活などが目標として掲げられることが多いが，具体的にどのような指標で計画すればよいか．図2・4はヨシ原，干潟，アマモ場といった陸上，潮間帯，水面下の場に及ぶ生態系の相互相関に着目し，連続性のある干潟を造成の目標とする考え方の例を示したものである[3]．

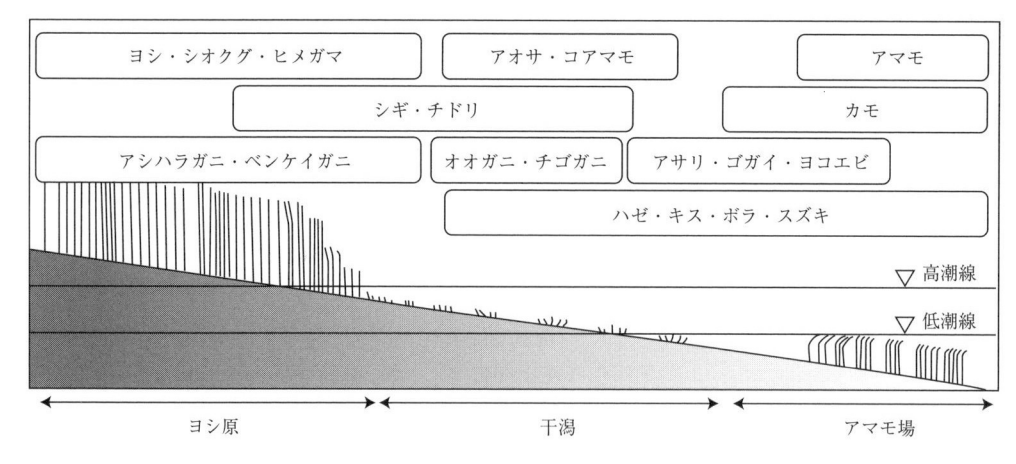

```
ヨシ・シオクグ・ヒメガマ        アオサ・コアマモ           アマモ
            シギ・チドリ                     カモ
アシハラガニ・ベンケイガニ    オオガニ・チゴガニ    アサリ・ゴガイ・ヨコエビ
                              ハゼ・キス・ボラ・スズキ
                                                        ▽ 高潮線
                                                        ▽ 低潮線
       ヨシ原              干潟              アマモ場
```

図2・4　沿岸生態系のヨシ原・干潟・アマモ場の連続性[3]

「自然再生」という言葉は，それを何のために，どのようにという問いの形でブレークダウンすると，様々な目的やできあがりの形態が浮かび上がる．今後，地域の自然のみでなく，文化や産業の特性を生かした干潟の目標の議論を深める必要がある．

(3) 干潟造成の相対的目標

干潟造成を計画する際，近隣の干潟や埋め立て前の干潟をイメージして目標とする方が，目標が明確で計画しやすく，住民の納得も得やすい．ミチゲーションの盛んなアメリカでは，種々の環境評価手法を駆使して代替えの湿地を設計する場合でも，近くに存在する自然を参考（reference）とすることが多いようである．すなわち，代替え湿地が参考湿地に近づけば成功と見なす．フロリダ州タンパ（SWIMプロジェクト）では，東京湾と同程度の面積のタンパ湾の水質浄化に取り組んでいる．このプロジェクトの目的は，新しい開発に伴うミチゲーションではなく，わが国の自然再生プロジェクトと同様，タンパ湾における

ポイント

相対的な目標

日本の場合，大都市周辺の沿岸では，保存された自然がほとんど姿を消しつつある．例えば東京湾の天然干潟は盤洲，三番瀬，三枚洲などに限られている．近くに真似るべき自然がない場合，埋め立て前の過去の自然状態に戻すという目標を立てることもできる．その場合，有史以前の海岸，江戸時代の海岸，戦前の海岸などいずれの時代に遡るのが最も現実的か？　日本の干潟の多くは，戦後の高度成長期の埋め立てによって消滅したと言われている．埋め立てが盛んになり始めた1965年頃ならまだかなりの干潟も残っていただろうし，今日ほどでないにしろ，測量記録，文書，写真なども入手できる可能性が大きいと考えられる．人々の記憶も参考になる．したがって，例えば1965年以前の沿岸環境に戻すことも現実的な目標設定になりうるであろう．

エコシステムの100％回復である[4]．護岸を壊して湿地を復活させる時の彼らの設計思想には難しいものはなく，ただ「自然を真似る（mimic the nature）」である．なお，近隣の自然にreference（参考，標準）をとる考え方は，中村[5]によっても唱導されている．

2・2 造成の手順

干潟造成の準備と計画が整ったら，図2・3のフローに沿って，干潟の設計，施工，造成を行う．

(1) 設計
「海の自然再生ハンドブック」[6]によれば，干潟の設計は生物生息基盤としての干潟の設計と生物生息のための工夫に大別できる．

(a) 生物生息基盤としての干潟の設計
設計の上で生物生息基盤を提供する干潟に求められる項目を，図2・5に示す．

i) 干潟の安定
図2・5に示した項目が，波浪，流れ，漂砂，潮位変動，風，圧密などの外力に対して，地形的な安定を保つことが要求される．波浪から風に対する安定性については，概ね従来の海岸工学の知見を活用できる[6, 7]．しかし，干潟の底質にはシルト・粘土成分が含まれ，粒度分布も広いため，波・流れに対する侵食抵抗は砂の場合と異なる．また干潮時の日射や有機物，付着珪藻などの影響を受けて底質がくっつきやすい傾向もある．

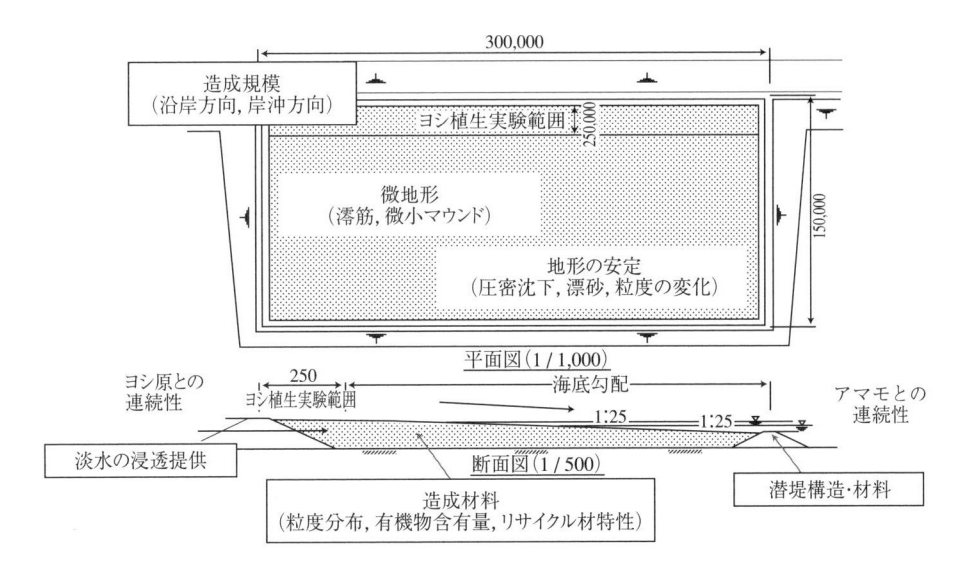

図2・5 干潟の設計上の課題（上野[8]を一部追記）

また，軟弱な底質による盛土は圧密沈下を起こし，長期的には1～3m沈下することも希ではない．圧密沈下を抑止する工法として，地盤改良，軽量盛土などがあるがコストがかさむ．地盤高のモニタリングを行いながら，土砂の補給を行う管理が必要である．周辺の沿岸流や河川からの土砂供給が期待できる場所では，そのことを設計と維持管理に取り入れておくことも有効である．

自然の干潟の勾配は，概ね1/100よりも緩やかである．有明海や小櫃川河口の干潟は1/数百分～1/1000の勾配である．潮間帯の面積を広く取るため，人工干潟の海底勾配はできるだけ緩く設定するのが望ましいが，場所と費用の制限で，1/25～1/数十となることが多いようである．海底勾配が急になると，潮間帯の面積が狭くなるだけでなく，波あたりが強くなり侵食を受けやすくなる．また，場所により層厚が異なったり勾配が急な場合に軟弱な土砂を盛土すると，不等沈下やすべりを起こし易くなる．これへの対策としては，盛土の層厚を薄層とするか，ジオテキスタイルなどによる補強工法を取る必要がある．

ⅱ）土留堤

人工干潟を造成するには，海岸に1～数mの盛土をすることになる．盛土した土砂の流出を防ぐために，盛土の両端と沖側の端を土留堤（潜堤）で囲まなければならない．しかし，図2·5の断面図に示すように，土留堤は従来の海底面と新しい干潟（盛土）面とを不連続に分断することになり，土留堤の規模が大きくなると底生生物の移動を妨げる可能性が出てくる．底生生物にもやさしい土留堤の開発が望まれる．

土留堤は一般に砂利や砕石を積み上げて構築するが，軟弱な海底地盤では沈下を起こしやすくなる．土留堤の自重を軽減するために，砂利の代わりにカキ殻やアオコヤガイの殻を利用した例もある．

ⅲ）造成材料

干潟の造成材料は干潟の透水性，底生生物，植生などに影響を及ぼす重要な項目で，概ね粒度分布で特徴付けられる．干潟造成の初期の段階では，pH，ORPや有機物含有量などの化学的特性も底生生物や植生の根付き方に影響を及ぼすが，長期的には影響は薄れていく．親水性を考える場合，材料の丸み度や色も考慮しなくてはならない．

材料の入手先としては，水底の浚渫土砂，航路浚渫土砂，前面の海底砂のほか山砂を利用することもある．また，近年ヘドロなどの有機物含有の多い土砂を浚渫後固化したものを海底土砂と混合して積極的に利用する試み[9]や，養殖カキ殻を利用する例などがあり，社会的ニーズに合致したリサイクル材活用も検討の価値がある．

(b) 生物生息のための工夫

干潟の基盤のときは「設計」という言葉を使ったのに，生物生息のときは「工夫」という言葉である．これは，生物生息の促進法に関するわれわれの定量的な知見がまだ不足しており，基盤と同じレベルの定量的な設計に至らないため一歩引いた表現にしたためである．

自然の干潟で目に付く地形は，表面の細かい凹凸，タイドプール（潮だまり）やクリーク（水路）などの微地形（図2・6）である．微地形は，潮の干満に応じて発生する海水の流れを集めたり，分散させたりして，海水交換や栄養塩の移動とそれに伴う生物の分布に大きな影響を及ぼす．

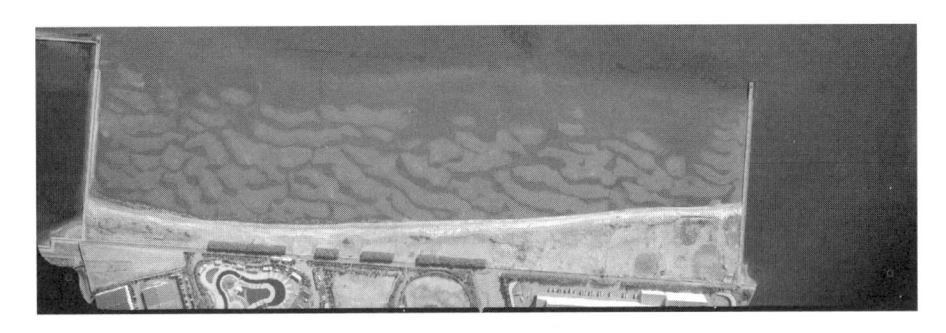

図2・6　干潟の微地形の写真

　微地形の中でも，大きな存在であるクリークやタイドプールは人為的に造作し，細かい凹凸は自然の営みに任せる．干潟の維持管理では，たとえば，クリークが設計どおりの水質交換機能を発揮しているか，土砂堆積などで機能が損なわれていないか，タイドプールの水質が貧酸素化していないかなどを監視する．

　また微地形の後背にはヨシ群落などの陸生植物を繁茂させ，カニや野鳥の棲家とし，水域にはアマモ場や藻場を造成して魚介類の育成場とする．

　その他，石積みや転石，砂利，杭の配置などによって干潟上に変化をつけ，生物の棲家や休憩場所を提供する．

(2)　施工

　干潟の造成は盛土が中心となるので，陸上からは従来の土工事，海上からは従来の浚渫・埋め立て工事の延長と考えられる．しかし，干潟造成は水深が±数mの空間が対象であり，かつ盛土も材料が軟弱な場合，大型の重機や作業船は使用が困難となる．

　まず，干潟の外周に土留堤を構築し，内部を埋め立てる．盛土材料は，陸上部からトラックで輸送して，ベルトコンベヤーやブルドーザーで海側に撒き出す場合と，海上から搬入した材料を底開バージで直接海底に投入したり，干潟材料と海水を混合してポンプ輸送により水際付近に撒き出す（水搬工法）場合がある．いずれにしても，撒きだした盛土材料を，設計どおりの海底勾配になるよう，作業船に積んだバックホーや湿地ブルドーザーで整形する必要がある．潮の干満を利用した工事となるが，非常に浅い水面下での作業を能率的に行う工法の開発が望まれる．

　干潟の細かい整形や生物生息のための工夫の工事には多くの人手を要する．事業のコン

センサスと同様に地域住民やボランティアの参画・協力を得られる体制つくりが望まれる．

2・3　干潟の管理

造成された干潟の管理は，干潟の造成目的の達成度合いや，波，流れ，漂砂，砂栄養負荷などの外力によって生じる干潟の形態や機能の劣化，予測されない干潟のマイナス影響などをいかに評価し，新しい対策を立てられるかにかかっている．この目的のためには，その干潟の特徴に適したモニタリング計画，およびモニタリングにかかる経費や時間を考慮することが重要である．事後モニタリングとは，監視を行うための調査・観測，データー解析，データを用いた評価の一連の行為を総称したものである．干潟の「維持管理システム」を構築して，造成後，一定期間ごとに事後モニタリングと環境評価を行い，計画・設計の見直しと維持補修を制度化することが肝要である．

(1) モニタリング
(a) 調査項目，方法，頻度，期間

干潟の物理・化学的な項目としては地形の指標となる地盤高（沈下，堆積を含む），海底勾配，底質の指標となる粒度，栄養塩，ORP，水質の指標となる透明度，DO，栄養塩，生態系の指標となる底生生物，プランクトン，海藻，陸生植物，魚介類，野鳥，その他の動植物などを調査する．これらのうち，干潟の特徴を最もよく表す項目を選ぶ．また，干潟への外力として，波，流れ，日照，雨量，流入負荷量などについても干潟の代表点で観測する必要がある．

調査方法は，各項目について既存の調査手法を適用するが，調査項目と調査点数，調査頻度などの組み合わせにより，予算が膨れ上がる．気象・海象は長期的に変動し，それに伴って生態系も長期にわたって変化する可能性を念頭におく必要がある．干潟を効率よく評価できる組み合わせの数を最低限に絞り，その代わりモニタリングを長期にわたって継続することが，周期の長い自然現象の変動に対応した事後モニタリングといえる．

(b) 評価

調査・観測で得られた結果を用いて人工干潟の物理的・生態的健全度を評価する．干潟の物理的健全度とは干潟の地形変化や沈下・堆積，底質の粒度変化などが許容範囲に収まることである．生態的健全度とは生物相や底質・水質の栄養塩，溶存酸素量，ORPなどが計画どおりになっていることである．

これらのデータを，計画時に用いた生態系評価手法（たとえばHEP，WET，HGMなど）にインプットして，生態系の健全度を定量的に評価し，果たして計画どおりの生態系が実現できているか否かの判断を行う．もし，計画と現状との乖離が大きい場合，干潟の変更

を行うよう設計の見直しを行う．

(2) 順応的管理（Adaptive Management）

複雑な生態系に対するわれわれの知識は未だ十分でなく，人工的に構築した生態系が計画どおりに実現しないのは当然のこととしてとして，維持管理の工程の中に「修正」を組み込んでおく管理体制を順応的管理（adaptive management）と呼ぶ．図2・7に順応的管理手法サイクル[6]の模式図を示します．こうした管理体制のもとに，継続的な管理を行うことによって，経験に学び，外的環境変化による生態系の変化に対応することが出来る．

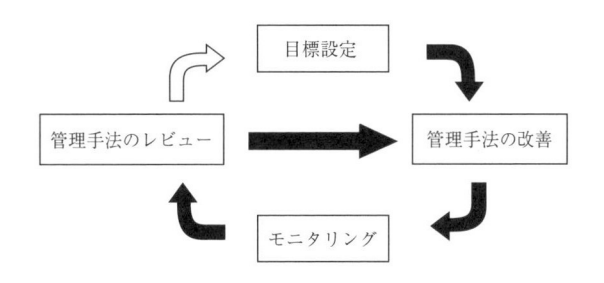

図2・7 順応的管理手法サイクル[6]

(3) 維持管理システム

干潟の維持管理には，事業者だけでなく，学識経験者や地元住民が協働する体制が必要である．前述したモニタリングや軽微な維持管理工事には地元のボランティアやNPOの協力を組み込み，関係者の協働を通して，周辺地域に環境教育が浸透していくことが期待できる．

維持管理システム構築のための，具体的な方策は第2章1を参照．　　　　　（勝井秀博）

3 機能評価法

近年の環境重視の傾向は幾つかの法制度の改定や新法の制定として現れ，環境基本法の基礎的理念には，「生物多様性の確保および自然環境の体系的保全」が提唱されている．開発に伴う生態系への影響評価には，生態系を食物連鎖網のようにエネルギーフロー系として取り扱うだけでは不十分で，物質循環系として捉える必要がある．

開発による環境影響や生物機能への影響評価への対処方針として，現状診断にもとづく短絡的な環境修復や資源管理だけに頼るのではなく，生態系の機能解明や将来へのリスク評価などから，地域の個性ある環境価値を維持向上するために，生態系の管理が必要となる．様式としては水質基準達成などを目的とした保全型（conservation）から，円滑な物質

循環を基調にした調和型 (compatibility), 共生型 (symbiosis) へと進化していく管理技術の開発が必要とされている．その結果，生態系の構造の定量評価だけでなく，浄化，CO_2固定能，生産，再生産，回転率やエネルギー転送効率など系固有の機能性の評価，さらには系の安定性，健全性，持続性といった包括的な評価軸が求められている．

評価指標を単なる飾りの指数としてではなく，生態系機能の価値判断およびその管理目標を示唆する数値として位置づける必要がある．

ここでは，場の環境機能を評価する方法として国内外で多く利用されているHEP, WET, HGM, IBIなどの手法群について概要や特徴，問題点について述べ，次に生物の個体，個体群，生態系の構造的，機能的特性を評価する生物機能評価法について説明する．

3・1　環境機能評価法

環境機能評価法 (Evaluation Method for the Environmental Function) は主に，沿岸開発による影響評価やミチゲーションなどの効果と影響の定量評価法として開発されたもので，数十以上が提案され国内外でレビュー[10, 11]が出版されている．ここでは，中村ら[10]に基づき集録された36の手法について包括的に整理しその特徴を説明する．

(1) 分類群とその特徴

図2・8に示したように，環境機能評価法に関連した手法は3通りに分類できる．

第1の手法群（ミチゲーション関連）は，失われる生態系とミチゲーションによって得られる生態系が等価値であるかを確認するための，いわゆる代替比を決定するための手法である．このような評価はミチゲーションが行われる前に行う必要があるため，迅速に適用できることが必要とされており，米国の場合，ミチゲーションが行われるかどうかを決定するプロセスには，住民参加が義務づけられている．住民参加の場で評価結果を公表する必要があるため，その手法の透明性が高いこと，評価結果が理解しやすいことも求められる．またこれらの手法には，ミチゲーションプロセスにおいて開催される委員会において評価の方針が決定される場合が多く，評価方法の詳細が予め決まっていないものも見られる．さらに，これらの手法は複数の機能を評価する手法と単一機能または構造評価をする手法に分類できる．これらに含まれる手法の主流は，元々は一般的な生態系の評価手法であったHEP (Habitat Evaluation Procedure)[12]や，それを基にしたWET (Wetland Evaluation Technique)[13]やHGM (Hydrogeomorphic Approach)[14]であり，米国陸軍工兵隊によって開発が行われてきた．HEP, WET, HGMと発展するにつれて多面的機能を評価できるようになっている．これに対し，ミチゲーションが行われた後，それが成功したかどうかを確認するための手法も提案されており，代替比を決定する手法と同様に，これらの手法も

第2章　干潟の造成　71

```
ミチゲーション関連
├─ 代替比の決定
│   ├─ 多機能評価
│   │   ├─ HGM1995
│   │   ├─ 藤田ら1995
│   │   ├─ EPW1994
│   │   └─ WET1991
│   └─ 単一機能または構造評価
│       ├─ WHV1997
│       ├─ AREM1995
│       ├─ HAT1989
│       └─ HEP1980
└─ 成功の判断
    ├─ 多機能評価
    │   ├─ Short, F. T. 1998
    │   ├─ 佐藤ら1997
    │   ├─ Havens et al. 1995
    │   ├─ Niswander et al. 1995
    │   ├─ 羽原ら1995
    │   └─ Richardson, C. J. 1994
    └─ 単一機能または構造評価
        ├─ Weinstein et al. 1997
        ├─ Miller et al. 1997
        ├─ Peck et al. 1994
        ├─ Zedler, J. B. 1993
        ├─ BEST1991
        └─ Fonseca et al. 1990

生態系管理
├─ 沿岸管理
│   ├─ Cendrero et al. 1997
│   ├─ Engle et al. 1994
│   ├─ 三村ら1993
│   ├─ Legakis et al. 1993
│   ├─ Ozard J. 1991
│   ├─ 和野ら1997
│   ├─ EBI1997
│   ├─ B-IBI1997
│   └─ 小出水1997
└─ 水資源管理
    ├─ EHI1994
    ├─ AMOEBA1991
    └─ IBI1981

環境影響評価
├─ Tw値1995
├─ システムマトリックス法1984
├─ 構造モデル法1984
└─ 環境要因評価法
```

図2・8　環境機能評価手法の分類[10]

表 2・3 環境機能評価手法の属性情報[10]

属性区分		AMOEBA	AREM	BEST	B-IBI	Cendrero	EBI	EHI	Engle	EPW	Fonseca	HAT	Havens	HEP	HGM	IBI	Legakis	Miller	Nisward
環境	水質	○				○			○	○				○					
	底質									○				○					
	淡水					○													
	地下水					○									○				
	大気					○													○
	変動性					○													
	安定性			○		○				○			○	○					
	物理的大きさ			○		○				○			○	○					
	生物的大きさ		○												○				○
	空間構造		○			○													
	レアイベント																		
生物（陸）	物質循環							○		○		○	○		○				
	種間構造			○		○									○		○		
	種内構造					○											○		○
生物（水）	種間機能	○			○	○	○	○	○		○		○	○	○				
	種間構造			○	○	○	○		○				○		○	○			
	種内機能				○											○			
	稀少、野生、天然種の割合										○	○				○			
	外来種																		
	遺伝子レベル																		
	催奇性																		
地理	広さ					○				○	○	○	○						
	高さ			○															
	複雑性			○		○						○	○				○		
	天蓋率																		
	湿地								○						○				
	砂漠																		
	山岳																		
社会経済	生息地			○		○		○			○	○		○			○	○	
	アメニティ		○	○		○													
	経済（財産）					○	○												
	文化財																		
評価基準（尺度）	過去	○																	
	対称								○										
	絶対的基準				○			○	○		○	○	○		○	○		○	○
	無し		○	○															
適用場所	ウェットランド		○	○			○	○	○		○	○	○	○	○			○	○
	海域																	○	○
	河川				○											○			
	陸上																○		
目的	生息地	○																	
	ミチゲーション										○	○	○	○	○			○	
	沿岸管理																○		
	水資源評価	○							○							○			○
	環境影響評価																		

第2章　干潟の造成

属性区分		Ozard	Peck	Richard	Short	Tw値	Weinste	WET	WHV	Zedler	藤田	羽原	環境要因評価法	小出水	構造モデル法	三村	佐藤	システムマトリックス法	和野
環境	水質				○			○	○						○	○	○	○	○
	底質			○											○				
	淡水							○											
	地下水							○											
	大気								○										
	変動性			○				○			○		○						
	安定性			○				○								○	○		
	物理的大きさ									○						○	○		
	生物的大きさ	○								○						○	○	○	
	空間構造		○																
	レアイベント																		
生物(陸)	物質循環			○	○			○				○			○				○
	種間構造			○			○			○									
	種間機能						○												
	種内構造		○	○			○	○			○		○						
	種内機能					○		○					○						
	種間構造																		
(水)	種間機能																		
	種内構造																		
	種内機能																		
	稀少,野生,天然種の割合	○																	
	外来種							○											
	遺伝子レベル							○	○	○		○							
	催奇性								○										
地理	広さ	○		○	○		○		○			○		○		○			
	高さ						○	○	○							○			
	複雑性	○						○								○			
	緑地率																		
	湿地																		
	砂漠																		
	山岳																		
	生息地	○																	
社会経済	アメニティ		○				○	○			○	○		○			○		
	経済(財産)																		
	文化財																		
評価基準(尺度)	過去	○		○	○														
	対称																		
	絶対的基準							○		○		○							
	なし																		
適用場所	ウェットランド		○	○	○		○	○		○	○	○	○	○	○		○	○	○
	海域	○																	
	河川				○														
	陸上											○							
	生息地					○													
目的	ミチゲーション											○		○	○				○
	沿岸管理	○																	
	水資源評価													○					○
	環境影響評価												○		○	○		○	

複数の機能を評価する手法と単一機能または構造評価をする手法に分類できる．

第2の手法群（生態系管理）は生息地評価手法として，水資源のモニタリングを目的とする手法や沿岸域の管理計画に用いられる手法などが含まれている．これらの手法の源流は，IBI（Index of Biotic Integrity）[15]という河川環境の保全性を生物群集の構造から評価する手法であり，現在まで米国の多くの州で河川のモニタリングツールとして使用されている．また最近では，IBIを沿岸域や日本の河川に適用した手法（EBI, B-IBI）も提案されている．

第3の手法群（環境影響評価）は水産生物に対する影響評価法としての漁業環境アセスメント手法と位置づけられ，これらはすべて日本で開発された手法である．内容は主として沿岸域における環境改変に伴う漁場環境収容力などの変化を定量化し，予測することを目的としている．

環境機能評価法として利用頻度の高い，HEP，WET，HGM，IBIについて手法の適応範囲，具体的な評価方法，適応例，問題点，文献名などについて整理したものを付録1～4（本章末）に示した．また，36の環境機能評価法の属性について表2・3に示した．

(2) 問題点と対策

表2・3に示した36の環境機能評価法は，①湿地を含む陸域植物，動物を対象にしたものが多く，沿岸域を対象にした適応例は少ない．また，名目上は機能の評価を行うとなっているものが多いが，②実際は生物群集の構造の評価に過ぎないものが多いのも特徴である．その理由として，開発の場がこれまで陸主体であったこと，構造と機能の関係がまだよく理解されていないこと，機能の評価には時間がかかることなどがあげられる．さらに，生物環境の評価を行う上で，生態系がダメージを受けた後の回復過程や遷移などの時間的変動を考慮することが非常に重要であると考えられているが，③時間的連続性について考慮されていない．例えば，洪水など大きな外乱を受けた河川生態系における，生物群集の回復過程を示す力学モデルやそれにもとづく復元指標など系の安定性や復元性といった動的な評価指標について，納得いく提案はない．

したがって，これから開発すべき手法としては，場の機能を評価できるもの，生物環境の時間的変動を評価できるものが必要になる．環境機能評価法は生物項目と環境項目の同時観測を前提としているため，評価までにかかる費用は多いが，評価時間は短くクイックアセスメントに向いているといえる．また，アサリの好適成育環境条件についてHEPによるHSI（Habitat Suitability Index）が現場調査から帰納的に求められても，そのHSIの生態学的意味付けについては，この後で説明する演繹的な生物機能評価法のシミュレーション手法による検証が必要となる．したがって，両評価法の利点と欠点を理解し双補的に評価手続きを行うことが望ましいと考えられる（図2・9）．

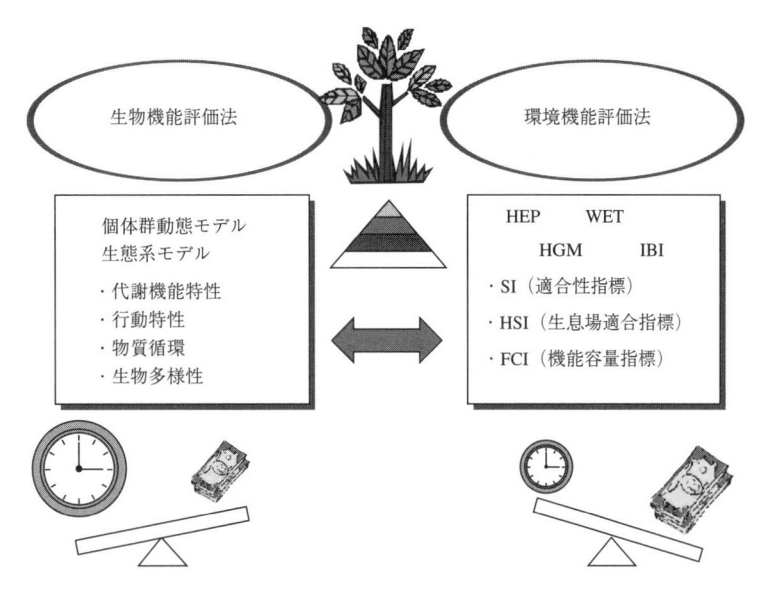

図2・9 機能評価法の利点と欠点
左側の生物機能評価法は右側の環境機能評価法より，評価手続きには時間は多くかかるが，評価費用は少なくて済む

3・2 生物機能評価法

　生物機能評価法（Evaluation Method for the Environmental Function）は実験，分析，調査などから抽出される生物の内在的機能（代謝，免疫，内分泌），種内関係，種間関係における生態学的機能，生物と非生物環境との相互作用（物質の循環，輸送）についてモデル化する方法である．

　環境に対する生物の応答は階層的に考える必要があり，ここでは，遺伝子，細胞，器官を含む個体レベル，種内における個体群レベル，物質循環や食物連鎖を含む生態系レベルに分けそれぞれの段階で生物が有する機能の評価手法について説明する．

(1) 個体レベル

　水温，光，DO，流動といった外部環境のインパクトに対する生物の応答には，忌避，誘引といった能動的な行動特性以外に，稚魚，プランクトンなどが波，流れによって輸送される受動的な応答がある．また，細胞や器官レベルにおいても環境ホルモンによる代謝，内分泌，生殖機能などに及ぼす影響は現在の生命科学上で主要な研究テーマとなっている．種間における関係では，共生，寄生，食物連鎖，場の占有，アレロパシーなど生物間相互作用が知られている（図2・10）．個体レベルにおける評価モデルは多岐にわたり，例えば，流れに対する甲殻類，二枚貝幼生の輸送モデル[16, 17]や水温，塩分，DO，濁度に対する耐

性[18]や忌避[16]，選好行動のモデル[19, 20]および代謝・成熟機能を反映した成長モデル[21]などが提案されている．

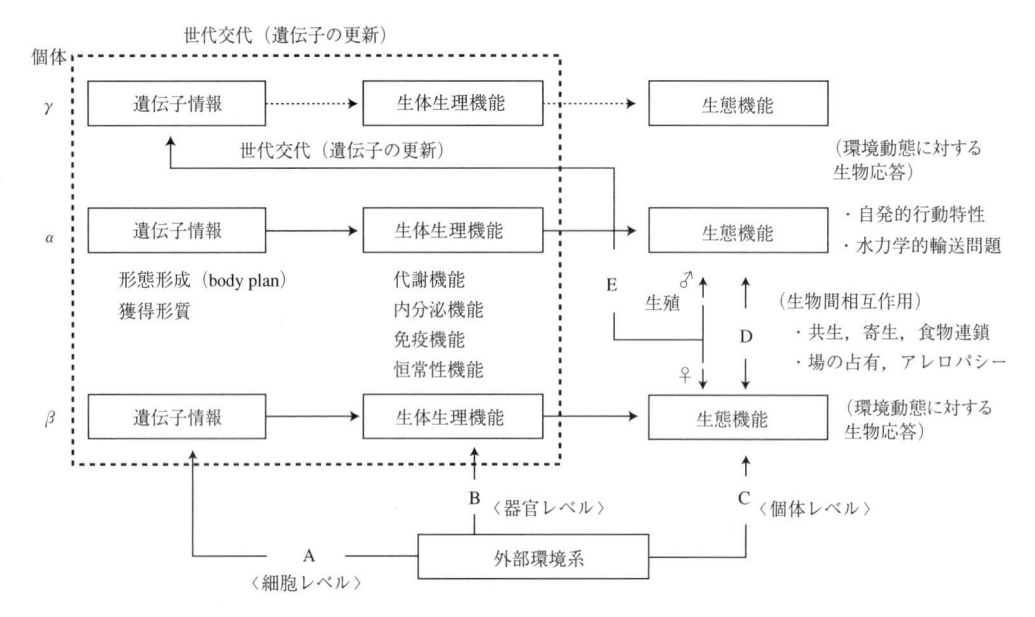

図2・10　環境インパクトに対する階層的な生物応答と生物間相互作用
図中A：環境ストレスに反応する遺伝子の発現機能，B：水温，環境ホルモンなどが代謝や内分泌機能に与える影響，C：水温，光，DOなど外部環境に対する生物忌避，誘引および生物輸送，D：生物間相互作用，E：繁殖戦略

(2) 個体群レベル

　環境影響評価での指標種に設定される場合が多い高次生物の生産機能を評価するため，対象生物の基本的特性である「成長」・「死亡」・「移動」などについて，環境要素との係わりを実験や調査により帰納的にパラメータ化し個体群としての動態をモデル化する試みが行なわれている．このモデルの利点は対象生物の生理・生態学的特性と環境要素の関係が明確に示されることから，計算結果の解釈を容易に評価できる点にある．しかし，この手法が有効に機能するためには，対象生物の食物網が単純であること，生理・生態学的な既往知見および検証データが揃っていることが条件となる．水産的に有用な砂浜性二枚貝（ウバガイ，アサリ，シジミ，ホタテなど）にこのタイプの個体群動態モデルが多いのもこれらの理由によるものである．なお，実際には生物機能単独でモデル解析を行うのではなく，環境駆動力を算定する流動場，波動場，密度場の力学的モデルと連動して計算が進められる場合が多い．二枚貝の好適成育場評価の例として，ウバガイの個体群動態モデル[22]を図2・11に示した．

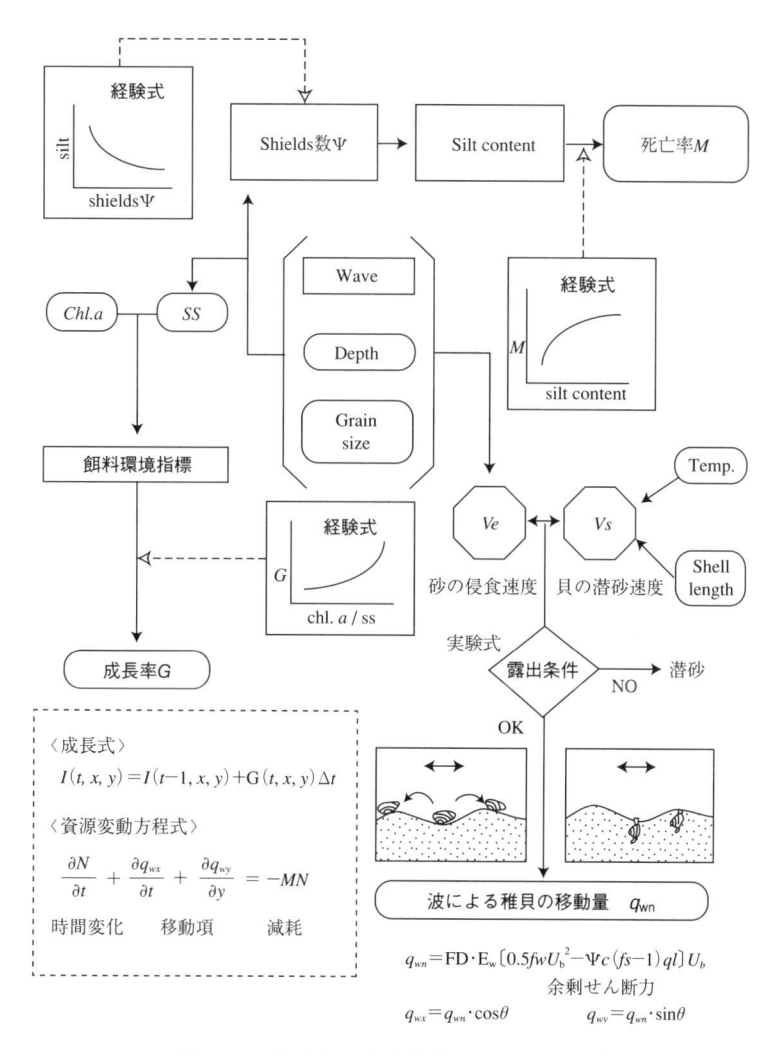

図2・11 ウバガイの個体群動態モデルの骨格[21]

(3) 生態系レベル

a) 生態系モデル

　特異的な機能を有する汽水域や干潟域，藻場などにおいて環境変動，低次生産過程を含む物質循環解析，高次生物の個体群動態などから構成される生態系モデルはこれまで多く提案されてきた．機能評価手法として不可欠な手段となりつつある生態系モデルには，プランクトンやイワシなど浮魚などを対象とした浮遊生態系モデル（Pelagic Ecosystem），二枚貝などを対象とする底生生態系モデル（Benthic Ecosystem），海藻，アワビなど岩礁生物を対象とする付着生態系モデル（Attached Ecosystem）などがある．

　宍道湖のヤマトシジミを対象とした汽水域生態系モデル[23]では，生態系を構成する4個の生物要素，5個の非生物要素の時間変動と相互関係が連立方程式で表現され，各要素の物

質量（生物量）や要素間における循環量が逐次解析され，それらの動的関係が窒素や炭素量として表示される（図2・12）．この解析から期間中における生態系の物質循環の様子が定量的に把握でき，開発や環境修復に伴う影響と効果についての評価手法として市民権を得る状況になってきた．ただし，個々の要素の物質量（生物量）や循環路ごとの循環量が逐次定量的に把握できても，生態系における健康度のように包括的な機能を評価する指標の導入が今後待望されている．

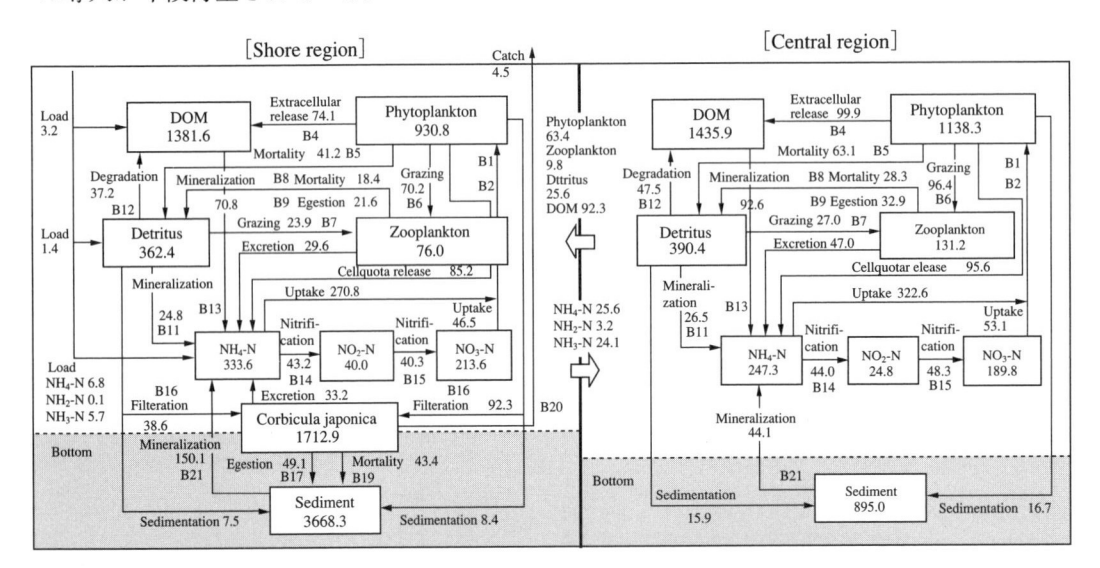

図2・12　モデルにより推定した宍道湖における夏季の窒素循環[23]
現存量：mg N / m^2，循環量：mg N/m^2 / 日
生物要素：プランクトン（Phytoplankton, Zooplankton），デトリタス（Detritus），ヤマトシジミ（Corbicula japonica），環境要素：栄養塩類（NH$_4$-N, NO$_2$-N, NO$_3$-N），溶存有機物（DOM），有機堆積物（Sediment）

b）食物連鎖の多様度指標

この点に関連した評価指標としては，芦田による食物連鎖の多様度指標[25]がある．

芦田モデルでは食物連鎖を有する栄養コロニーの複雑度を示す食物連鎖指標や栄養段階係数が定義され，それによる食物連鎖上の複雑度を評価している．この指標の特徴は系の複雑性の尺度として，単なる群集の種類の多寡と個体数配分から決まる従来型の「群集多様度」を評価するのではなく，「食物連鎖網の粗密性」を考慮している．また，同指標から多様度を最大にする構成種の個体数配分が計算され（図2・13），食物連鎖の上位から下位にいくほど種別個体数が増加することが示された．この傾向は自然界における生物量の構造とも一致している．この評価方法は従来型の多様度指標では表し得なかった系の階層性を食物連鎖の複雑度として取り入れている点で優れている．

ただし，生態系は食物連鎖のエネルギーフローだけの評価では不十分で生産，消費および分解回帰を伴う物質循環の場として，環境動態も考慮して評価する必要がある．

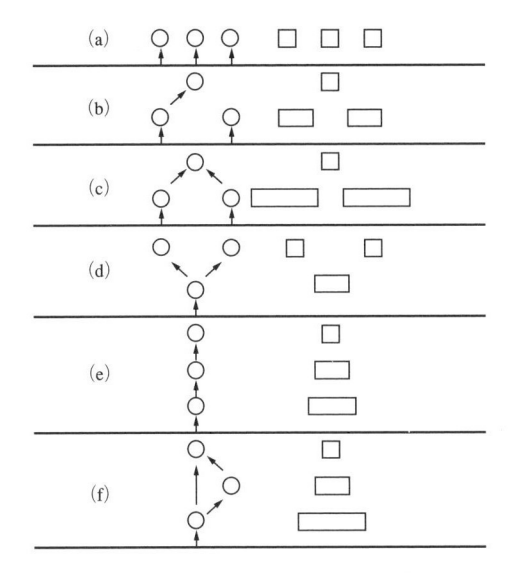

図2・13　3種よりなる生態系の可能な食物連鎖と多様度を最大にする生物量の相対的割合[24]
低位な食物連鎖（a）から高位な食物連鎖（e），（f）における種間のエネルギーフロー（〇）と構成種の個体数配分（長方形）

c）物質循環スペクトルと健全性評価

最近，図2・12に示した物質循環解析結果を基に，各要素の平均物質量と置換率を算出し，2次元的に表示した物質循環スペクトル（図2・14）を作成し，スペクトルから計算される3つの指標（複雑度I，循環時間τ，転送効率θ）よりヤマトシジミの適正資源量を見積もり（図2・15），宍道湖の生態系の健康度を評価する試みが提案されている[23]．

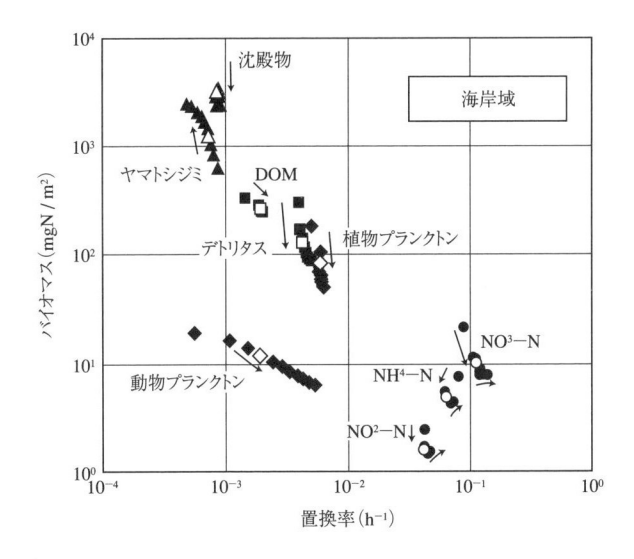

図2・14　宍道湖生態系の物質循環スペクトル[23]
図中の→の向きは資源豊度の増加に対する応答，白抜きは適正資源豊度（3万トンの場合）

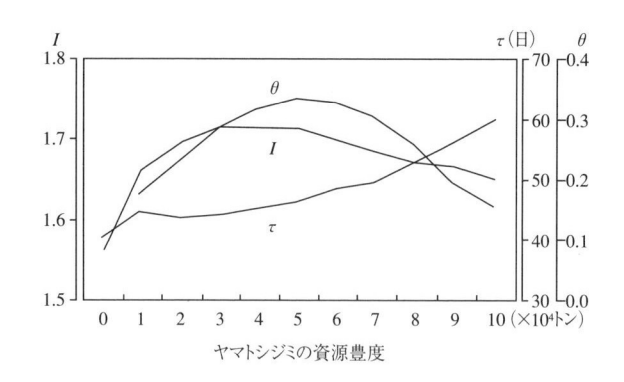

図2・15　ヤマトシジミの資源豊度と健全性指標の関係[23]
図中の記号 I：複雑度，τ：循環時間，θ：転送効率

　複雑度 I は生態系を構成する各要素の平均物質量（生物量）のバランスを示す多様度を表し，循環時間 τ は物質量で重み付けした置換率の加重平均値で定義され系全体の物質の置き換わり時間を示す指標で，τ が増大すると循環速度の遅い鈍重な生態系になる．また，転送効率 θ とは指標生物（宍道湖ではヤマトシジミ）の純生産量と餌生物である植物プランクトンの純生産量の比で表示され餌料環境の指標となる．

　ヤマトシジミの資源豊度を0から10万トンまで11段階変化させた宍道湖生態系モデルのシミュレーション結果から複雑度 I，循環時間 τ，転送効率 θ の変化（図2・15）を見ると，物質循環の多様度は4万トンが極大値となり，循環時間 τ では0を除き3万トンが極小値となり，さらに転送効率 θ では5万トンが極大点となる．つまり，物質循環上の指標ごとに微妙に極大，極小値が異なる結果になる．

　物質循環上の健全性の定義を，1）生態系を構成する要素の物質量のバサンス性（複雑度 I が最大），2）物質循環の円滑性（循環時間 τ が最小），3）指標生物の生産性（転送効率 θ が最大）を満たすことを条件とすることができる．

　宍道湖では循環時間 τ を大きくする原因は物質量の大きい底泥の有機堆積量の存在であることから，このよう合には，老廃物の堆積，貧酸素水塊の発生など生態系の健全性にとって懸念される結果を招く可能性がある．3つの指標について，それぞれの最適値を1に規格化し，資源豊度ごとに，3つの指標値の合計値から総合評価をすると，3万トン規模が物質循環の立場から見たヤマトシジミの適正資源豊度と判定される．宍道湖のヤマトシジミの資源量推移を見ると，過去2回（1997年，2002年）大量斃死の発生が確認されており，斃死前の資源豊度は6万トン以上の規模であったことが記録されている[25]．貧酸素水塊が直接の斃死原因でない場合でも，他の原因による斃死が起きた場合の波及効果は資源豊度に依存しているので適正な資源管理が必要になってくると考えられる．これらを考慮して，宍道湖のヤマトシジミ資源は現在では4～6万トン水準で漁業が維持されている．

（中村義治）

文　献

1) 自然環境研究センター：生態系2002（環境アセスメント技術ガイド），2002, p.222.
2) 環境省総合環境政策局：参加型アセスメントの手引き，2002.
3) 林　文慶・高山百合子・田中昌宏・上野成三・新保裕美・織田幸伸・池谷　毅・勝井秀博：沿岸域における複数生物の生息地環境評価－生態系連続性の配慮に向けて－，水工学論文集，土木学会，46, 1193-1198（2002）.
4) 勝井秀博・辰巳　勲・稲田　勉（1997）：アメリカの環境修復型ミチゲーション，海洋開発論文集，土木学会，13, 231-236（1997）.
5) 中村太士（2003）：自然再生事業の方向性，土木学会誌，88, 20-24（2003）.
6) 海の自然再生ワーキンググループ：海の自然再生ハンドブック－その計画・技術・実践－第2巻　干潟編：国土交通省港湾局監修，2003, 138pp.
7) 土木学会編：海岸保全施設設計便覧，2000, 582pp.
8) 上野成三・高橋正昭・高山百合子・国分秀樹・原上誠也：浚渫土を用いた干潟再生実験における浚渫土混合率と底生生物の関係について，海岸工学論文集，49, 1301-1305（2002）.
9) 上野成三：沿岸環境の修復・再生技術の動向，水工学夏期研修会テキスト，水工学シリーズ05-0B-8, 土木学会水工学委員会・海岸工学委員会，B-8-12, 2005.
10) 中村義治編：生態系における構造と機能の評価方法に関するレビュー，水産工学研究集録　8, 水産庁水産工学研究所，2000, 205 pp.
11) Bartoldus, C, CA：Comprehensive Review of Wetland Assessment Procedures, Environmental Concern Inc, Maryland, 1999, 196 pp.
12) US Fish and Wildlife Service："Habitat evaluation procedures（HEP）." US Fish and Wildlife Service, Division of Ecological Service, 1980.
13) Adamus, P. R, L. T. Stockwell, E. J. Clairain, Jr, M. E. Morrow, L. P. Lawrence, and R. D. Smith："Wetland Evaluation Technique（WET）：Volume I : Literature review and evaluation rationale." Technical report WRP-DE-2, US Army Engineer Waterways Experiment Station, Vicksburg, MS, 1991.
14) Smith, R. D., A. Ammann, C. Bartoldus, and M. M. Brinson："An approach for assessing wetland functions using hydrogeomorphic classification, reference wetland, and functional indices." Technical Report WRP-DE-9, US Army Engineer Waterways Experiment Station, Vicksburg, MS, 1995.
15) Karr, J. R. ： iological integrity： a long-neglected aspect of water resources management, Ecological Applications, 1, 66-84（1991）.
16) 小田一紀・石川公敏・城戸勝利・中村義治・矢持　進・田口浩一：内湾の生物個体群動態モデルの開発，大阪湾の「ヨシエビ」を例として，海岸工学論文集，44, 1196-1200（1997）.
17) 鈴木輝明，市川哲也，桃井幹夫：リセプターモードモデルを利用した干潟域に加入する二枚貝幼生の供給源予測に関する試み－三河湾における事例研究－，水産海洋研究，66, 88-101（2002）.
18) 中村幹雄：宍道湖におけるヤマトシジミ *Corbicula japonica* と環境との相互関係に関する生理生態学研究（北海道大学審査学位論文），島根県水産試験場研究報告，9, 192（1998）.
19) 石田基धर・小笠原桃子・村上知里・桃井幹夫・市川哲也・鈴木輝明：アサリ浮遊幼生の成長に伴う塩分選択行動特性の変化と鉛直異動様式再現モデル，水産海洋研究，69（2）, 73-82（2005）.
20) Hajime Saito, Hisami Kuwahara, Kazuko Nakayama, Jun Watanabe, Chisato Murakami, Toshiro Koyama and Yoshiharu Nakamura：Selectivity on Salinity of Asiatic Brackish Clam Larvae, Corbicula japonica Prime,

1864, *Benthos Research*, **60** (1), 1-10 (2005).

21) 中村義治・田口　哲・飯泉　仁・三村信男・村井克詞：二枚貝の餌料環境と資源変動モデルに関する一考察，海岸工学論文集，42，1121-1125（1995）．

22) 中村義治・金綱紀久恵・磯野良介・三村信男：生活史に沿った二枚貝個体群の生物機能評価法，海岸工学論文集，**48**，1231-1235（2001）．

23) 中村義治・寺澤知彦・中村幹雄・山下俊彦・青木伸一：物質循環スペクトルによる汽水湖生態系の健康度評価，海岸工学論文集，**49**，1446-1450（2002）．

24) 芦田　広・川崎広吉・丹須紀六迷：生態系の構造，安定，効率．生物物理，**15**，1-12（1975）．

25) 島根県内水面水産試験場：ヤマトシジミ資源調査，ヤマトシジミ斃死要因調査，平成15年度事業報告書，2004，pp.7-26．

付録1

文献名	"Habitat evaluation procedures (HEP)." US Fish and Wildlife Service, Division of Ecological Service, 1980
手法名	HEP (Habitat Evaluation Procedures)
開発者名	US Fish and Wildlife Service
目的(適用範囲)	生息地の評価;ミティゲーション
概要	アメリカで開発された生息地評価システム.ミティゲーションの計画においては,破壊される生態系と代償する生態系の比較評価を定性的かつ定量的に行うこと,またその内容を客観的に示すことが不可欠になる.このニーズに応える手法である.現在も改良が進められている. **1. 評価対象種の選定** 　HSIやHUを算出する対象となる種やグループを選定する.1種でも複数種でも良い.選定基準としては,人気種,狩猟対象種,毛皮獣,その地域に生息が限定する種,広い生息地を必要とする種,食物連鎖の上位種,湿地などの特定の生息地に特異な種,開発などの影響を受けやすい種,希少種など. **2. HU分析** 　HU:Habitat Unit.開発サイト及び代償ミティゲーションサイトのそれぞれについて事業がない場合,及び事業実施時の合計4つのHUを求める. **2-1. HSIモデル構築** 　HSI:Habitat Suitability Index.評価対象種の生息地としての適性を定性的かつ定量的に評価する値. $$HIS = \frac{調査区域の生息地の状態}{理想的な生息地の状態}$$ 　HSIは0-1の間の数値で表現され,環境収容力と正の相関がある概念とされる.HSI=1の時,評価対象種の生息数は最大となる. 　生息地の状態はある種にとっての生息地の適否を規定(制限)する様々な環境要因によって記述される. **2-2. SIモデル構築** 　SI:Suitability Index.HSI算出の材料.HSIを記述するために選定された環境要因は,当該評価対象種の生息地としての適性を示すSIに換算される.SIの概念は下の式.0-1の値を取る. $$SI = \frac{調査区域の生息地におけるある環境要因の状態}{理想的な生息地を規定するある環境要因の状態}$$ **2-3. HSIとSIの関係設定** 　HSIはSIを結合することによって算出される.HSIとSIの結合の仕方をHSIモデルと呼び,その基本パターンは以下の4通りである. ①算術平均法:どれか一つでもあればそれなりに生息地として機能する場合に用いる方法. 　HSI = (SI1+SI2+SI3) / 3

第2章　干潟の造成　83

②幾何平均法：いずれかが0であると，生息地の価値が0になる場合．

$HSI = (SI1 \times SI2 \times SI3)^{1/3}$

③限定要因法：最も低いSIの値が生息地全体の価値を限定するような場合．

$HSI = SI1$ or $SI2$ or $SI3$

多くの種についてのSIモデルとHSIモデルは様々な機関から公表されているので，これらを基にモデル構築を行う．

2－4．HU算出

HUとはHabitat Unitの略で，定性的評価であるHSIに，定量的な評価（面積）を加味した指標である．HUの概念は

$HU = Total\ HSI \times Total\ Area$

現実の開発事業においては，時間要素を含めた累積的HU（Cumulative HU）を計算する必要がある．

実際の累積的HUを求める場合は，ターゲットイヤーと呼ばれるHU予測年を決め，それぞれのTYについてHUを予測し，それらの累積（積分）したものとして累積的HUを求める．TYは事業によって異なるが，工事開始時点，供用開始時点，供用中，供用終了時点，事業終了時点などを設定する．HEP分析の期間は通常，60年から100年程度である．

問題点	・種間関係を考慮していない． ・評価対象種の選定が難しい． ・沿岸域の生物のSIはまだ少ない．

付録2

文献名	Adamus, P. R., L. T. Stockwell, E. J. Clairain, Jr., M. E. Morrow, L. P. Lawrence, and R. D. Smith "Wetland Evaluation Technique（WET）：Volume Ⅱ：Literature review and evaluation rationale." Technical report WRP-DE-2, US Army Engineer Waterways Experiment Station, Vicksburg, MS, 1991 Adamus, P. R., E. J. Clairain, Jr., R. D. Smith, R. E. Young "Wetland Evaluation Technique（WET）；Volume Ⅱ：Methodology; operational draft." Technical report Y-18-2, US Army Engineer Waterways Experiment Station, Vicksburg, MS, 1991
手法名	Wetland Evaluation Technique（WET）
開発者名	Adamus, P. R., et al., U.S. Army Engineers Waterways Experiment Station
目的（適用範囲）	ウェットランドの機能評価；ミティゲーション
概要	Wetland Evaluation Techniqueはウェットランドの持つ11個の機能について4つの観点から評価する手法である．11の機能は9つのfunction（湿地自身も必要とする機能）と2つのValue（人間が必要とする機能）に分類される． 　Functionとしては，地下水の涵養（GWR），地下水の排出（GWD），表面流水の置換（FFA），底質の安定化（SS），底質における有毒物の保持（S/TR），栄養塩の除去と移動（NR/T），生産物の輸送（PE），水圏生物の多様性（AD/A），動物の多様性（WD/A），valueとしてはレクリエーション（R），唯一性・遺産性（U/H；Uniqueness/Heritage）である．4つの観点として，社会的重要性（Social Significance），機会（Opportunity），有効性（Effectiveness），Habitat Suitabilityを考慮する． 　これらの機能を形成している要素因子を抽出し，その要素因子がその場所でどのような状態なのかを，マニュアルに記載された質問に答える形で把握していき，それを再構成することによりウェットランドの機能を評価する． 〈手続き〉 1. 情報の収集：地図や写真などのウェットランドに関する情報の収集を行う． 2. 4つの観点（Social Significance, Effectiveness, Opportunity, and Habitat Suitability）のうち，どの観点から評価を行うのかを決定 3. 評価対象であるウェットランドの線引き：影響を受ける範囲を確定する． 4. 上で得られた情報を元に，マニュアルに記載されている質問事項に回答する． （1）Social Significance 　ここでは2段階の評価を行う． 　Level 1：社会にとって有用な機能を持っているかを調べるために31の質問に回答する．回答の方法は，"回答結果シート"を埋めていく形を取る．これを使用して，その結果の解釈・総合化を行う．"Key"と呼ばれるフローを使用し，前に述べた全11項目について3段階（High, Moderate, Low）の評価をする．下に"Key"の例を示す． 　Level 2：唯一性・遺産性（U/H）に関してより詳細な評価を与えるもので，オプション的なもの． （2）Effectiveness and Opportunity 　これらの評価には，信頼性によって3つの段階がある．簡便であるが信頼性の薄いLevel 1からLevel 3まで．ここでも，質問の回答をしていく形で"回答結果シート"を埋めていく．次に"key"を用いて，それぞれのfunction, valueについて3段階の評価を下す．

	(3) Habitat Suitability 　ここでの評価は鳥類と魚類を対象にしており，哺乳動物などは評価に含まれていない．ここでも同様に，質問に回答し，その結果を用いて3段階の評価を下す．以上の手順を踏むことで，最終評価結果である"評価結果要約シート"が完成する．評価結果は，評価する機能や価値それぞれに対して，High, Moderate, Low のいずれかで示される．
問題点	・測定項目が多いため，入力した情報と結果の関連性が分かりにくい． ・結果が3段階しかないため，"Moderate"と評価されるケースが多く，結果の比較が難しい．
備考	・日本の干潟に適用した例 新保裕美, 阪東浩造：開発地域の環境価値評価手法とその適用, 鹿島技術研究所年報, Vol. 45, pp. 177-182, 1997

(参考図表)

回答結果シート

Evaluation Site:_____

SOCIAL SIGNIFICANCE EVALUATION-LEVEL 1

3.1.1 "Red Flags"

          <u>Comments/Assumptions</u>

S1. Y   N   U
S2. Y   N   U
S3. Y   N   U
S4. Y   N   U
S5. Y   N   U
S6. Y   N   U

3.1.2 On-site Social Significance

          <u>Comments/ Assumptions</u>

S7. Y   N   U   I
S8. Y   N   U   I

3.1.3 Off-site Social Significance

       <u>Comments</u>   <u>Comments</u>

s9. Y N U I	S21. Y N U	
S10. Y N U	S22. Y N U I	
S11. Y N U	S23. Y N U	
S12. Y N U	S24. Y N U	
S13. Y N U	S25. Y N U	
S14. Y N U	S26. Y N U	
S15. Y N U I	S27. Y N U	
S16. Y N U I	S28. Y N U	
S17. Y N U I	S29. Y N U	
S18. Y N U I	S30. Y N U	
S19. Y N U	S31. Y N U	
S20. Y N U		

SOCIAL SIGNIFICANCE EVALUATION-LEVEL 2

                                          Standard Density Circle
Context Region(Circle one)   Locality
                                          Hydrologic Unit

Question#

                         <u>Comments/Assumptions</u>

  1   Y   N
  2   Y   N
  3   Y   N
  4   Y   N

評価結果要約シート

Evaluation Site : _____

Wetland Functions and Values

	Social Significance	Effectiveness	Opportunity
Ground Water Recharge	_____	_____	★
Ground Water Discharge	_____	_____	★
Floodflow Alteration	_____	_____	_____
Sediment Stabilization	_____	_____	★
Sediment/Toxicant Retention	_____	_____	_____
Nutrient Removal/Transform	_____	_____	_____
Production Export	★	_____	★
Wildlife Diversity/Abundance ★★	_____	★	★
Breeding	★	_____	★
Migration	★	_____	★
Wintering	★	_____	★
Aquatic Diversity/Abundance	_____	_____	★
Uniqueness/Heritage	_____	★	★
Recreation	_____	★	★

Habitat Suitability Evaluation

Fish Species Groups:
_____ Group _____ Group _____ Group

Waterfowl Species Groups:

	Breeding	Migration	Wintering
Group _____	_____	_____	_____
Group _____	_____	_____	_____
Group _____	_____	_____	_____
Group _____	_____	_____	_____

Fish, Invertebrate, and Bird Species:

_____ ___ _____ ___ _____ ___
_____ ___ _____ ___ _____ ___
_____ ___ _____ ___ _____ ___
_____ ___ _____ ___ _____ ___
_____ ___ _____ ___ _____ ___

Levels of assessment completed: S-1 S-2 E/0-1 E/0-2 E/0-3 HS
Evaluation is for the : AA IA (Note: if the evaluation is for an IA, documentation of the AA evaluation must be presented with this evaluation).
Is there any evidence that suggests ratings contrary to the above(explain)?
_____
Were alternative sources used for any of the ratings above(explain)? _____
_____
The loss rate for_____(identify locality/region)
Between 19__ and 19__ for _____(identify wetland type)
Was _____ (acres/year or % loss).

 ★ WET does not evaluate this function or value in these terms.
★★ Wildlife Diversity/Abundance assesses only wetland-dependent birds. Other wildlife (e.g., game mammals) should be evaluated using other methods.

付録3

文献名	Smith, R. D., A. Ammann, C. Bartoldus, and M. M. Brinson "An approach for assessing wetland functions using hydrogeomorphic classification, reference wetlands, and functional indices." Technical Report WRP-DE-9, US Army Engineer Waterways Experiment Station, Vicksburg, MS, 1995 Brinson, M. M., F. R. Hauer, L. C. Lee, W. L. Nutter, R. D. Rheinhardt, R. D. Smith, and D. Whigham "A guidebook for application of hydrogeomorphic assessments to riverine wetlands." Technical Report WRP-DE-11, US Army Engineer Waterways Experiment Station, Vicksburg, MS, 1996
手法名	HGM（Hydrogeomorphic Approach）
開発者名	US Army Engineer Waterways Experiment Station
目的（適用範囲）	ミチゲーション，ウェットランドの機能評価
概要	この手法はまずウェットランドを水文地形学的にクラス分けする．このクラス分けはBrinsonによって開発された手法で，"同一のクラスに属するウェットランドは，同一の機能を持つ" という仮定に基づいている．具体的にはウェットランドの地形学的位置，水源，流れを考慮する．最も高いレベルのクラスは，"低地"，"湖の周辺"，"海洋など潮汐のあるところの周辺"，"傾斜地"，"川岸"，"無機土壌平地"，"有機土壌平地（泥炭地など）" の7つである．アメリカのような大陸には1クラスのウェットランドにおいても様々なウェットランドが存在する．そこで次に，ある地域内での水文地形学的クラス分け（サブクラス）を行う．これにより，評価モデルが簡潔なものとなり，さらに詳しい検討を行うことができる．サブクラスの数，設定などは評価目的，その地域の特徴などを考慮し柔軟に決定する．ただしサブクラスのクラス分けの基準も地形学的位置，水源，流れである． 　ウェットランドは，物理的・化学的・生物的属性によって様々な機能を発揮する．全ての機能を詳細に評価するのは不可能であるため，ミチゲーションに伴う評価では，公衆の関心下にある機能に対する評価を行う．ウェットランドの属するクラス，評価目的に応じて評価する機能を選択する．この点が，全ての機能をもらさず評価しようとしていたこれまでの評価手法と異なるところである． 　この手法ではウェットランドが持つ機能をどの程度発揮できるのかという機能容量（FC：Functional Capacity）を評価する．機能容量を参照基準と比較する事によって評価を行う．参照基準は参照ウェットランドと称する同地域の同じサブクラスに属するいくつかのウェットランドの中から最もダメージが少なくて本来の機能を発揮していると考えられるものを抽出する．参照ウェットランドを含む地形学的エリアを参照領域と呼ぶ． 　次に，評価モデルを基にして，機能容量の指標である機能容量指標（FCI：Functional Capacity Index）を計算する．評価モデルはウェットランドの生態系の属性やその周辺のランドスケープと機能容量の関係を表すものである．属性は様々な変数によって表される．変数は参照基準と比較して0～1.0の値が割り当てられる．その変数が参照基準と同様なら1.0，参照基準に程遠ければ低い値となる．定量的なデータ，定性的なデータどちらでも良い．このような変数を評価モデルによって関係づけて機能容量に結びつける．評価モデルは，FCIが0～1.0の値をとるように構築される．

$$FCI = \frac{現在の機能容量}{参照基準の機能容量}$$

評価モデルは固定したものはなくウェットランドのクラス，目的に応じて開発する．

〈手続き〉
1. **開発段階** 評価を行う前にAチーム（Assessmentチーム）によってガイドブックが作成される．Aチームは様々な専門分野の5-8人からなるチームである．Aチームは以下の点について責任を負う．
   - ウェットランドの地域サブクラスの決定
   - 地域サブクラスの機能の概観の作成
   - 参照領域，参照ウェットランドの決定：一般的に参照ウェットランドは少なくとも15-25個は必要である．
   - 参照基準の決定
   - 評価モデルの開発
   - 評価モデルの較正
2. **適用段階** 適用段階は以下の3つの手続きからなる．
   1) キャラクター付け
   ○評価目的の設定 通常以下の3つのうちいずれかである．
      a：現在状況の記録
      b：同時刻に異なるウェットランドの比較：最もダメージの少ないウェットランドを決定するとき
      c：1つのウェットランドの異なる時間における比較：開発計画がウェットランドに対してどの程度の影響を及ぼすのかを知りたいとき
   ○計画地域の詳述，地図の入手：計画場所とその周辺のランドスケープを記述した地図をU.S.Geological Surveyより入手する．
   ○特に保護を要する場所の確認：様々な法律で保護されている地区がないかをチェックする．
   ○ウェットランド評価地域（WAA：Wetland Assessment Area）の設定：ウェットランドを法律に適用するには提案された計画地域内でのウェットランドの境界をはっきりさせる必要がある．そのため，ウェットランドの境界を土壌，水理，植生などの判断基準から線引きする，米国工兵団によって開発された方法を使用する．1つの計画に多数のウェットランドが含まれているときには，PWAA（Partial Wetland Assessment Area）として扱う．
   2) 評価
   評価結果を記述する．計画実施後の評価は，モデルにおける変数がダメージによりどのように変化するかという予測の確実さによって，その精度が決まる．
   3) 分析
   ○機能容量の計算 比較されるウェットランドの面積が異なるときはFCIによる比較では十分ではないため，その面積も考慮する．その指標をFC（Functional Capacity）という．
      FC= FCI of WAA × size of WAA
   ウェットランドがいくつかに分画されているときにはそれらを全て合計する．
   ○1つのウェットランドの異なる時間における比較：通常は計画前，後の比較を行う．
   ○同時刻に異なるウェットランドの比較：代替案を比較するときなどに行う．
   ここでは川岸のウェットランドへの適用例を示すが，大事なことはHGMではこれらは

完全に定まっていることではなく，場所，得られる知識などによって柔軟に変更できることである．川岸のウェットランドは以下に示す15の機能をもつ．

1. Dynamic Surface Water Storage：川からあふれた表面流出水を短時間貯水する機能．表面流出のピークを軽減する．この機能を決定する変数はVFREQ, VINUND, VMICRO, VSHRUB, VBTREE or VDTREE, VCWDである．それぞれの定義は付表A参照．

2. Long-term Surface Water Storage：表面流出水を長時間滞留させる機能．変数はVSURWATとVMACROである．

3. Energy Dissipation：エネルギーの散逸　もしマニングの粗度公式が使用できればそれを用い，でなければVREDVEL, VFREQ, 地面の荒さを示す変数（VMACRO, VMICRO, VDTREE, VCWD）を用いる．

4. Subsurface Water Storage：地表面下水の貯水　VPORE, VWTFによって決定される．

5. Moderation of Groundwater Flow or Discharge：地下水流の適正化　VSUBIN, VSUBOUTによって決定される．

6. Nutrient Cycling：栄養塩サイクル　VPROD, VTURNOVによって決定．

7. Removal of Imported Elements and Compounds：流入物質の除去　栄養塩が流入することに関する変数 VFREQ, VSURFIN, VSUBINと土壌による吸着に関する変数VMICRO, VMICROB, VSORP，植生による摂取VBTREEによって決定される．

8. Retention of Particulates：懸濁物質の保持　VFREQ, VSURFIN, 地表面の粗度を表す変数（VHERB, VSHRUB, VBTREE, VDTREE, VMICRO, VCWD等），VSEDIMによって決定される．

9. Organic Carbon Export：有機炭素の輸送　有機炭素を運ぶ水に関する変数VFREQ, VSURFIN, VSUBIN, VSURFCONと有機炭素の源に関する変数VORGANにより決定される．

10. Maintain Characteristic Plant Community：特性的な植生の維持　VCOMP, VREGEN, VCANOPY, VDTREE, VBTREEにより決定される．

11. Maintain Characteristic Detrial Biomass：特性的なバイオマスの維持　VSNAGS, VCWD, VLOGS, VFWDによって決定される．

12. Maintain Spatial Structure of Habitat：生息地の空間的構造の維持　VSNAG, VMATUR, VSTRATA, VGAPSによって決定される．

13. Maintain Interspersion and Connectivity：生息地の散在性と結合性の維持　VFREQ, VDURAT, VSURFCON, VSUBCON, VCONTIGによって決定される．

14. Maintain Distribution and Abundance of Invertebrates：無脊椎動物の分布と生存量の維持　VSINVT, VLINVT, VAQINVT

15. Maintain Distribution and Abundance of Vertebrates：脊椎動物の分布と生存量の維持　VFISH, VHERP, VBIRD, VMAMM, VBEAVによって決定される．

これらの変数は参照基準によって全て0-1の間の値になるよう基準化される．これらの値を用いて機能容量を計算する．Dynamic Surface Water Storageの機能を例に取ると機能容量の計算式は次式のようになる．

$$FCI = [V_{FREQ} \times (V_{INUND} + V_{MICRO} + V_{SHRUB} + V_{BTREE} \text{ or } V_{DTREE} + V_{CWD}) / 5]^{1/2}$$

実際の評価は，FCIに面積を掛けたFCで行う．

問題点	・開発段階には時間，コストがかかる．
	・異なる地方，異なるクラスに属するウェットランド同士は比較できない．
	・累積的なダメージに対する影響は評価できない．累積的なダメージを扱うにはウェットランドを取り囲むウォーターシェドレベルで考えなければならない．

	・経済価値などの価値を割り当てることはできない.
備考	上に上げたものの他，以下のガイドブックが出版されている. ・ Shafer, D. J. and D. J. Yozzo., National guidebook for application of hydrogeoorphic assessments to tidal fringe wetlands, 1998, US Army Engineer Waterways Experimental Station, WRP-DE-16 ・ Ainslie, W. B., et al. A regional guidebook for assessing the functions of low gradient, riverine wetlands in Western Kentucky, 1999, US Army Engineer Waterways Experimental Station. なおこれらの文献は以下のWEB SITEでダウンロード可能である. http://www.wes.army.mil/el/wetlands/hgmhp.html

(参考図表)

付表A（HGM）：Brinson, M. M., et al., 1996 より

変数

V_{AQINVT}：水棲無脊椎動物の構成や豊富さ
V_{BEAV}：ビーバーの豊富さ
V_{BIRD}：鳥類の分布や豊富さ
V_{BTREE}：木々の基底部の面積やバイオマス
V_{CANOPY}：天蓋率
V_{COMP}：種の構成
V_{CONFIG}：隣接する植生
V_{CWD}：Coarse Woody Debris
V_{DTREE}：Tree Density
V_{DURAT}：流れの滞留時間
V_{FISH}：魚類の分布と豊富さ
V_{FREQ}：洪水の頻度
V_{FWD}：Fine Woody Debris
V_{GAPS}：Canopy Gaps
V_{HERP}：爬虫類の分布と構成
V_{INUND}：氾濫したときの水深
V_{LINVT}：落葉層における無脊椎動物
V_{LOGS}：落木のバイオマス
V_{MACRO}：巨視的な地形の起伏
V_{MAMM}：哺乳類の分布や構成
V_{MATUR}：成長した木の豊富さ

V_{MICRO}：微視的な地形の複雑さ
V_{MICROB}：微生物の活動が可能な地面（土壌など）
V_{PATCH}：パッチ状の植生
V_{PORE}：土壌の間隙
V_{PROD}：空中純生産量
V_{REDVEL}：流速の減少率
V_{REGEN}：再生産
V_{SEDIM}：底質の保持
V_{SHRUB}：低木の密度
V_{SINVT}：土壌中の無脊椎動物
V_{SNAG}：倒れ木の密度
V_{SORPT}：土壌の吸着特性
V_{STRATA}：植物層の数
V_{SUBCON}：地下水によるウェットランド同士の連結
V_{SUBIN}：ウェットランドへの地下水の流入
$V_{SURFCON}$：地表水によるウェットランド同士の連結
V_{SURFIN}：ウェットランドへの表面水の流入
V_{SURWAT}：表面水の存在
V_{TURNOV}：デトリタスの回転時間
V_{WTF}：地下水面の変動

付録4

文献名	Karr, J. R. "Biological integrity: a long-neglected aspect of water resources management." Ecological Applications 1, pp. 66-84, 1991
手法名	IBI（Index of Biotic Integrity）
開発者名	Karr, J. R.（1980）
目的（適用範囲）	河川環境・水資源の評価
概要・適用例	水資源を評価するためにBODなどの化学的属性を用いるだけでは不十分である．そこで生物を考慮した指標を用いて評価を行い，水環境の生物学的保全性を得ることを目的とする．生物学的保全性（Biotic Integrity）とは，生物種の分布量を維持できるような環境の持つ能力である． 　IBIでは次の5つの特性を評価する． 　1. 食物連鎖 　2. 水質 　3. 生息地の構造 　4. 水量やその季節的変動 　5. 生物の相互作用 　実際には表-1に示すような12個の判断基準について1点，3点，5点の評価を与える．この評点は理想的だと考えられる場所（Reference sites）から抽出した値と比較することによって与えられる． 　Reference sitesは専門家の判断（その河川が属する地域やそのサイズを考慮）によって選択される．これら12個について採点した値を全て合計したものがIBI値である． 　12項目を合計した値で表-2のように評価を下す．
問題点	・影響により反応性が異なる． ・判断基準の測定が困難な場合がある．
備考	・この方法は30以上の州や郡，いくつかの国家機関によって使用された． ・厳しく標準化された生物的な調査を必要とする． ・修正を行えば，沿岸環境にも適用できる．

表-1 生物学的保全性を評価するために使用する変数

Metrics	Rating of metric*		
	5	3	1
Species richness and composition			
1. Total nember of fish species* (native fish species) †	Expectations for metrics 1-5 vary with stream size and region.		
2. Number and identity of darter species (benthic species)			
3. Number and identity of sunfish species (water-column species)			
4. Number and identity of sucker species (long-lived species)			
5. Number and identity of intolerant species			
6. Percentage of individuals as green sunfish (tolerant species)	<5	5-20	>20
Trophic composition			
7. Percentage of individuals as omnivores	<20	20-45	>45
8. Percentage of individuals as insectivorous cyprinids (insectivores)	>45	45-20	<20
9. Percentage of individuals as piscivores (top carnivores)	>5	5-1	<1
Fish abundance and condition			
10. Number of individuals in sample	Expectations for metric 10 vary with stream size and other factors.		
11. Percentage of individuals as hybrids (exotics, or simple lithophils)	0	>0-1	>1
12. Percentage of individuals with disease, tumors, fin damage, and skeletal anomalies	0-2	>2-5	>5

* Original IBI metrics for midwest United States.
† Generalized IBI metrics (see Miller et al. 1998).

表-2 トータルIBI値とその属性

Total IBI score (sum of the 12 metric ratings)*	Integrity class of site	Attributes
58-60	Excellent	Comparable to the best situations without human disturbance; all regionally expected species for the habitat and stream size, including the most intolerant forms, are present with a full array of age (size) classes; balanced trophic structure.
48-52	Good	Species richness somewhat below expectation, especially due to the loss of the most intolerant forms; some species are present with less than optimal abundances or size distributions; trophic structure shows some signs of stress
40-44	Fair	Signs of additional deterioration include loss of intolerant forms, fewer species, highly skewed trophic structure (e.g., increasing frequency of omnivores and green sunfish or other tolerant species); older age classes of top predators may be rare.
28-34	Poor	Dominated by omnivores, tolerant forms, and habitat generalists; few top carnivores; growth rates and condition factors commonly depressed; hybrids and diseased fish often present.
12-22	Very poor	Few fish present, mostly introduced or tolerant forms; hybrids common; disease, parasites, fin damage, and other anomalies regular.
…**	No fish	Repeated sampling finds no fish.

* Sites with values between classes assigned to appropriate integrity class following careful consideration of individual criteria/ metrics by informed biologists.
** No score can be calculated where no fish were found.

第3章 干潟造成の事例

「干潟造成」は多くの沿岸域で,それぞれの目的に応じて事業として進められている.この章では,海域の再生,水質浄化,漁場造成などの観点からの事例の幾つかを例に紹介する.東京湾,三河湾,英虞湾についての事例から,まず,東京湾の再生行動計画における干潟再生事業の紹介を行い,次に三河湾ではアサリ漁業への干潟造成の貢献と環境修復,および水質浄化機能の促進の事例,3番目に英虞湾で行われている,浚渫土を用いた干潟再生から湾全体の再生プロジェクトについての事例を紹介する.

干潟造成には,例として図3・1に示すように,海岸の一部を,石積み,護岸などで仕切って,その岸側に捨て石,盛砂などの後,覆砂の工法を用い新しい干潟を造成する,あるいは海岸から近くの浅場の嫌気的な状態にある海底の堆積物上に,覆砂し新しい干潟を造成するなどが行われてきている.これら覆砂することによって,そこの嫌気的な堆積物が覆われ,底質が干出したり水深が浅くなることによって大気から直接底質に,海面を通して水中に酸素の供給をもたらす.また,海底がより好気的な環境になることによって微生物の活性が促されて他の生物の生息が促進され,あるいは浅くなった海水中では太陽光の

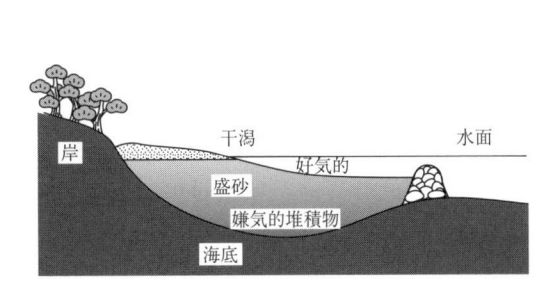

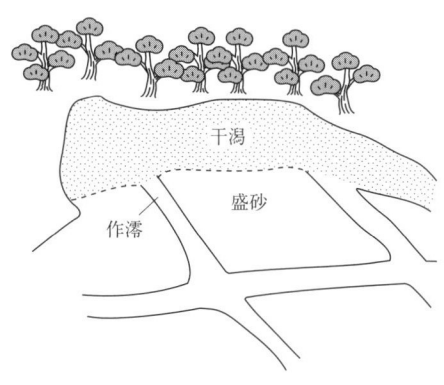

図3・1

透過が促されて，プランクトンや海藻が繁殖するなど，そこの造成された干潟の水質環境がより好気的な状態になることが期待される．また，水塊が停滞するような浅場の海域では，作澪の工法を用いることによって停滞する浅場の水塊を，潮汐の潮位差を利用して浅場より外の「より高い酸素水」を導き，いわゆる海水交換を促進させることによって，より好気的な干潟や浅場環境を確保にすることができる．そのことによって，生物生産への寄与が期待される例などがある．

ここにあげた事例では，浅場を覆砂することによる例が示されているが，一般的には課題（第2章）も多く残されている．

干潟造成の現場にはさまざまな課題があること，その課題の解決のために多くの努力を払いながら進められているとの前提で事例を理解して，今後の干潟造成の参考になれば幸いである．

（石川公敏）

1 東京湾：東京湾再生行動計画と干潟再生の具体化の検討事例

1・1 東京湾における干潟再生の上位計画としての東京湾再生行動計画

(1) 東京湾の現状

東京湾は，水面積約960 km^2，平均水深15 mの閉鎖性の内湾域であり，高い汚濁負荷量（CODで約300トン/日：2000年現在）を受け，海底には高濃度の有機泥が堆積している．

埋め立ては，1900年代から始まり，東京湾の約3割に当たる埋め立てが1960年代に完了している（図3・2）．

多くの負荷源の存在により，1960年代初頭から1970年代初頭にかけて東京湾の富栄養化は急速に進行した．その結果，底質のCODは，湾奥の一部の浅海部を除き20〜30 mg/gと湾奥部で高く，湾口部に向かって低下している．その後，各栄養塩濃度（DIN，DIP）・有機物濃度（COD）は，横ばいか斬増の傾向を示しており，栄養塩類が植物プランクトンの成長制限因子になることはないようである．

(2) 東京湾再生のための行動計画

2001年12月に内閣府都市再生本部は都市再生第3次決定として，東京湾を対象に「海の再生」施策を取り上げた．国土交通省は，環境省・湾岸7都県市などと検討協議会を作り，翌年6月に中間報告をまとめた．その中で提示された目標は，「快適に水遊びができ，多くの生物が生息する，親しみやすく美しい「海」を取り戻し，首都圏にふさわしい「東京湾」を創出する」というものであった．2002（平成14）年3月に，この共通目標のもと水質改

第3章　干潟造成の事例　97

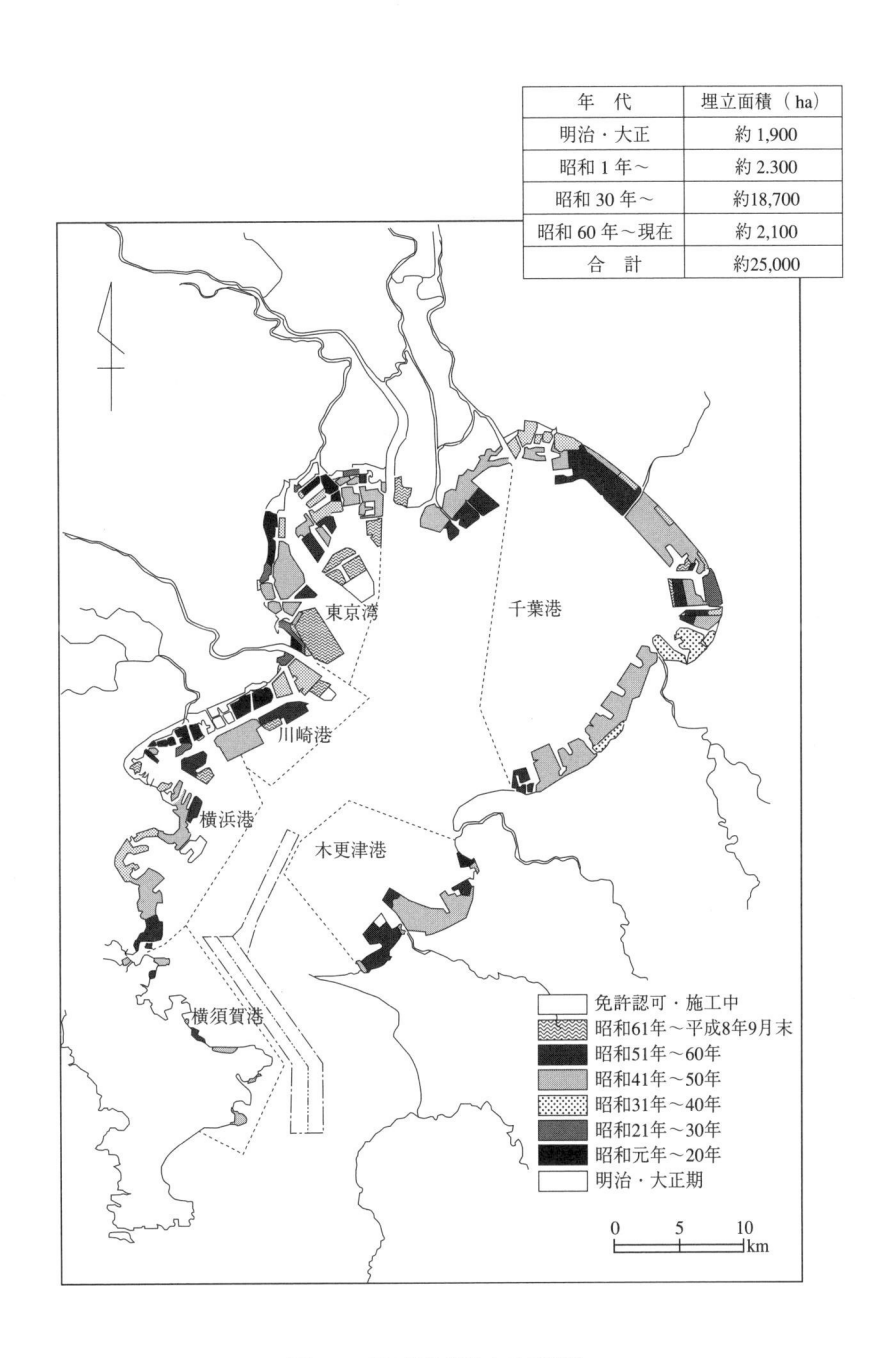

年　代	埋立面積（ha）
明治・大正	約 1,900
昭和 1 年～	約 2,300
昭和 30 年～	約 18,700
昭和 60 年～現在	約 2,100
合　計	約 25,000

凡例：
- 免許認可・施工中
- 昭和61年～平成8年9月末
- 昭和51年～60年
- 昭和41年～50年
- 昭和31年～40年
- 昭和21年～30年
- 昭和元年～20年
- 明治・大正期

図3・2　東京湾の埋め立ての変遷

善の重点エリアを定めた行動計画をまとめ，重点エリア内に7箇所のアピールポイントを設け，汚濁負荷削減，干潟などの整備，海域のモニタリングを，協力して進めていくこととなった（図3・3，表3・1）[1]．

重点エリアは，東京湾西岸沿いの河川の河口部，埋め立て地，浅瀬を含む領域に設定されており，前述したように，このエリアはアサリ生息場間の強いつながり（生態系ネットワーク）の重要な位置にあたる可能性が高い領域である（図3・4）．

このように湾域・流域圏などを総合的に捉える統合沿岸域管理（ICZM）を見据えた環境修復政策の策定，事業実施の推進が今後の課題となっていくと考えられる．そうした検討の中では，一次産業として生物資源を利用・管理する漁業活動との連携・相互理解が不可欠であると考えている．

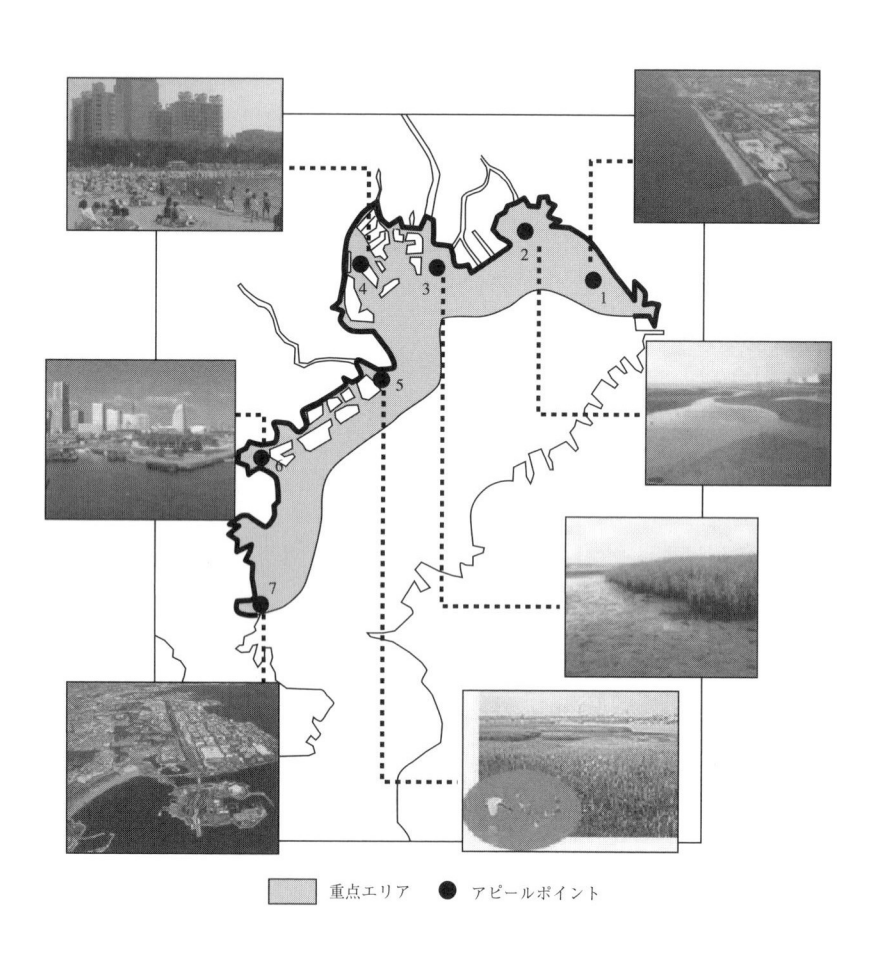

図3・3 東京湾再生計画の重点エリア

第3章 干潟造成の事例

表3・1 アピールポイント一覧

No.	アピールポイント名	場所の概要	改善後のイメージ	指標	目標目安
1	いなげの浜～幕張の浜周辺	・いなげ ・検見川 ・幕張 各人工海浜の周辺	緑あふれる憩いとレクリエーションの海辺	・七都県市底質環境評価区分 ・生物	・区分〈Ⅱ〉のレベル以上 ・クサフグ、ハゼ、アサリ、ゴカイなど生息
2	三番瀬周辺	東京湾奥部に残された貴重な干潟、浅海域	三番瀬の自然環境の保全と地域住民が親しめる海の再生	三番瀬再生計画検討会議	会議の結果を踏まえて検討
3	葛西海浜公園周辺	・葛西海浜公園 ・三枚洲の周辺海域	自然環境を保ち、生き物にやさしい干潟と海辺	・七都県市底質環境評価区分 ・生物	・区分〈Ⅲ〉のレベル以上 ・アサリ、バカガイなど生息 ・コアジサシが営巣
4	お台場周辺	・お台場海浜公園 ・芝浦運河周辺運河部など	市民が水と親しめる憩いの場としての美しい風景をもつ水辺	・七都県市底質環境評価区分 ・生物 ・水質	・区分〈Ⅲ〉のレベル以上 ・アサリ、カガミガイなど生息 ・合流式下水道から白色固形物の漂着0日（日/年）、大腸菌群数100個/100 ml、COD 5mg/l
5	多摩川河口周辺	多摩川河口周辺の干潟と羽田洲周辺の海域	多様な生き物を育み、自然豊かな海辺	・七都県市底質環境評価区分 ・生物	・区分〈Ⅱ〉のレベル以上 ・アサリ、シジミ、ゴカイ、トビハゼ、ハゼ、スズキ、チゴガニ、アシハラガニなど生息 ・シギ、チドリ、コアジサシ、オオヨシキリ、カルガモ、バンなど飛来、営巣
6	みなとみらい21周辺	横浜港インナーハーバーの周辺海域	市民に開かれた魅力的な親水ゾーン・港情緒を味わいことができる海辺	・七都県市底質環境評価区分 ・生物 ・水質	・区分〈Ⅱ〉のレベル以上 ・横浜市水環境達成目標を達成・維持 ・クサフグ、ウミタナゴなど生息、ワカメなどの藻場
7	海の公園・八景島周辺	金沢の海水浴場海洋性レクリエーション海域	海水浴や潮干狩り、釣りなど多様なマリンレジャーを楽しむことができる海辺	・七都県市底質環境評価区分 ・生物 ・水質	・区分〈Ⅲ〉のレベル以上 ・横浜市水環境達成目標を達成・維持 ・シロギス、オサガニなど生息、アマモなどの藻場

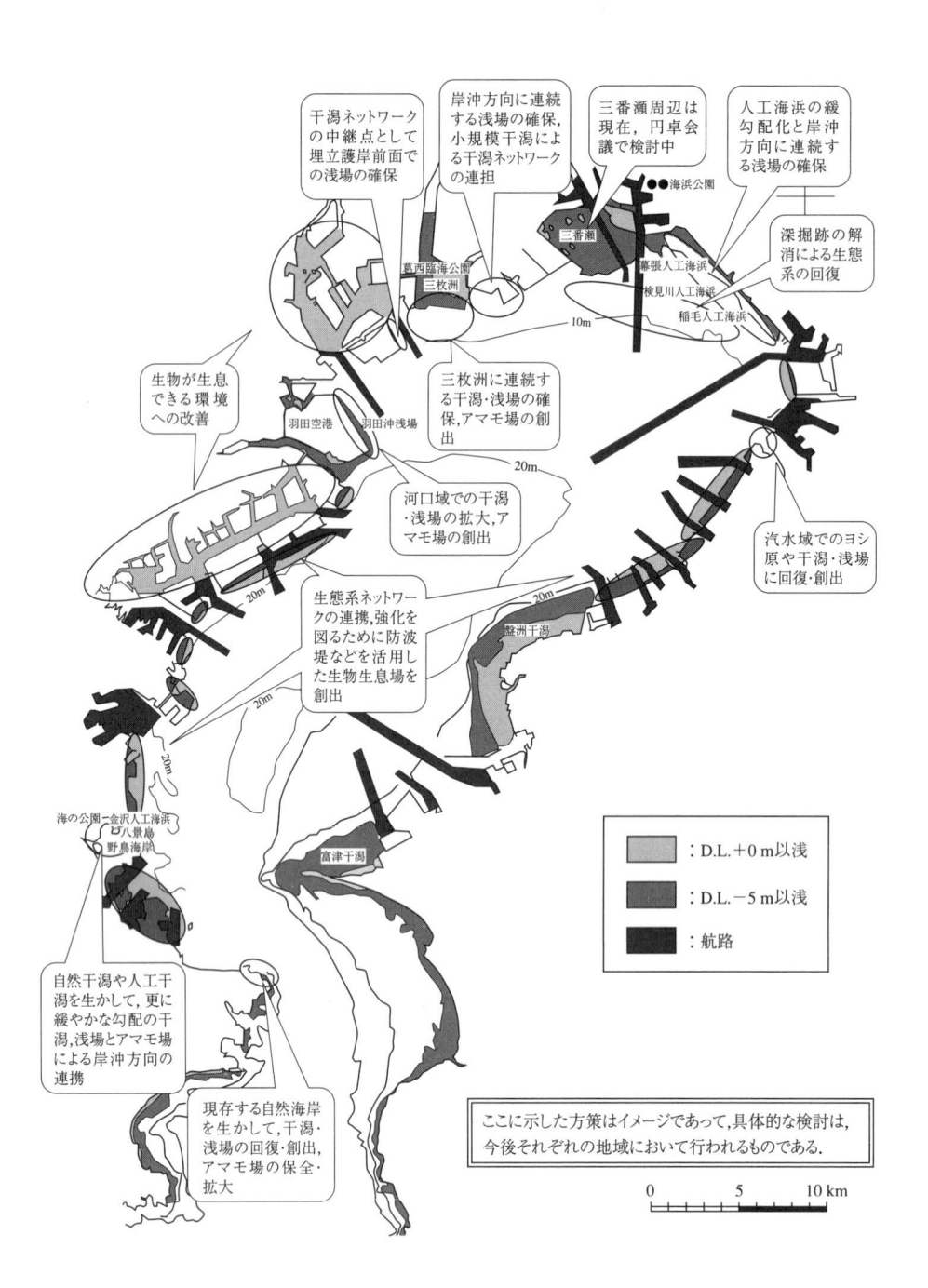

図3・4 東京湾の干潟ネットワーク再生の概念図[1)]

1・2　干潟再生の具体化の検討事例（東京湾奥部環境創造事業技術検討会の試み）

　こうした東京湾再生のための取り組みの1つとして，開発保全航路である中の瀬航路の浚渫土砂を利用して，自然再生に取り組む直轄シーブルー事業の事例を紹介する[3]．
　当該事業は，「かつての東京湾の様に生き物が豊かで，人々が身近にふれあえる海を将来にわたって創出する」ことを基本理念とし，「水質環境が悪化している東京湾奥部の再生を図るため，東京湾口航路（中ノ瀬整備事業）で発生する土砂を有効活用し，覆砂造成や干潟造成の整備を行い，水質・底質の改善を図り，自然と生物にやさしい海域環境の創造と親水性の高い海域空間を創出すること」を目的とし，当初，80万m^3の砂質の浚渫土砂の発生を見込んで，東京湾奥地区での海域環境創造事業が計画されていた．そのメニューとしては，干潟造成や浅場造成，ラグーンの形成などが検討されていた．
　本事業においては，東京湾奥部環境創造事業技術検討会によりその目標，対象海域の選定，事業手法の選定などの検討が専門家および事業者，関係自治体の参画のもと行われた．
　「生き物が豊か」で「身近にふれあえる海」すなわち，アサリばかりでなく，水鳥なども含めた多様な生物が利用し，市民が汀線付近で水や生き物に触れ合える環境を目指すという目標設定とともに，「できる所で，できることから，少しでも早く」という実効方針が設定された．
　場所および対象事業の絞込みに当たっては，上記の目標および実効方針とともに，3段階のスクリーニングが行われた．一次スクリーニング（表3・2，図3・5）では，既に環境が劣化している場所を優先した場所選びが行われた．具体的には，事業地を23ゾーンに分け，底質，水質，底生動物，環境の連続性，保全上重要な生態系の有無などを基準とし，「環境保全・修復・再生が望まれる海域」を抽出した．二次スクリーニングでは，抽出された海域で浚渫土砂の活用により，事業によって海へのふれあいが向上する海域，効果が持続する事業形態，環境機能の向上が図られる場所といった条件をもとに，「環境保全・修復・再生の効果が高い海域および事業形態」が選定された．三次スクリーニングでは，事業者が事業実施可能性について地元自治体との調整の中で計画の調整が行われた．
最終的に，舞浜の東側に位置する千鳥沖において，
　1）事業年度　　　　平成17年度～平成19年度
　2）使用土砂量　　　約400,000 m^3（中ノ瀬航路浚渫土砂活用）
　3）再生方策　　　　覆砂
の事業として実施されることとなった．本事業においては，

表3・2 環境再生の優先性が高い海域の選定過程（一次スクリーニング）

				浦安市			市川市	江戸川	船橋市
		千葉港港湾区分		−			葛南中央		
		（ゾーンNo.）		Zn1	Zn2	Zn3	Zn4	Zn5	Zn6
		自治体上位計画の区分など		舞浜地区	明高海洲地区	日の出地区	三番瀬	江戸川放水路	三番瀬
	指標		基準						
I-1	底質	シルト・粘土分	シルト・粘土分：65％以上（水深に関係なくシルト・粘土分が多い海域）かつ	○	○	検討の対象外			
		COD	COD：18 mg/g以上（シルト・粘土分に関係なく，CODが高い海域）						
		底層DO	底層DO：4.3 mg/lより低い（水産用水基準）かつ	○	○				
		T-S	T-S：0.2 mg/gより高い（水産用水基準）						
	底生動物相	種類数・個体数	種類数：15種類/0.1m²以下もしくは個体数：600個体/0.1m²以下	○	○				
	水質	COD（全層の年間平均）	3.5mg/l以上（H13年度年間平均）	○	○				
		T-N, T-P（全層の年間平均）	T-N・T-Pどちらかが環境基準値以上 Ⅲ類型：T-N：0.6 mg/l，T-P：0.05 mg/l Ⅳ類型：T-N：1 mg/l，T-P：0.09 mg/l （類型区分）	○ (Ⅳ)	○ (Ⅳ)				
I-2	エコトーンとしての環境の連続性	汀線が自然的か人工的か	汀線が護岸に接している	○	○	検討の対象外			
		背後陸域に緑地や公園が存在する	緑地や公園がある	○	○				
I-3	保全上重要な海域の除外	自然海岸（干潟・砂浜・岩礁）	ない	○	○	検討の対象外			
		藻場	ない	○	○				
		鳥獣保護区	ない	○	○				
		保全区域	ない	○	○				
		生物利用ネットワーク（水鳥類の利用）	シギ・チドリ類の種類数・個体数が少ない 15種類以下かつ1,000個体以下	○	○				
			ガン・カモ類の個体数少ない 1,000個体以下	○	○				
		生物利用ネットワーク（貝類浮遊幼生など）	浮遊幼生が多い海域ではない	○	○				
		再生の優先性が高い海域		◎	◎				

注）1. ○：基準に該当する．(○)：CODデータが75％値． ▨：基準に該当しない． −：情報がない．
2. 生物利用ネットワーク（水鳥類の利用）に関して，調査を行っていないゾーンは「水鳥類が生息していない」ものと考え，基準を満たしていると判断した．
3. 評価に用いたデータ（底質，底生動物相，水質）は，各ゾーンの環境の状況を代表するものとして，水深10 m前後の調査点の値を用いた．
4. 評価は，現地データの変動性など不確定性による誤差を排除し，環境再生効果や保全の優先性に重みを置いた．

第3章 干潟造成の事例

	習志野市	千葉市				市原市				袖ヶ浦市		小櫃川	木更津市	君津市	富津岬
	葛南東部	千葉北部	千葉中央		千葉南部	八幡	ー	五井	姉崎	北袖ヶ浦	南袖ヶ浦	ー	ー	ー	ー
Zn7	Zn8	Zn9	Zn10	Zn11	Zn12	Zn13	Zn14	Zn15	Zn16	Zn17	Zn18	Zn19	Zn20	Zn21	Zn22	Zn23
船橋港・潮見・日の出	若松・高瀬	茜浜	芝園	幕張の浜〜稲毛	千葉港	人工海浜	JFE前面		養老川				小櫃川			
ー	ー		○		ー	○	○	ー	○		○					
ー	ー		○		ー	○	○	ー	○		○					
ー	ー	○	○			○	○		○	○			○		○	
○	○	○	(○)	○	(○)	(○)		ー	○							
○	○	○	○		○	○		ー					○			○
(Ⅳ)	(Ⅳ)	(Ⅳ)	(Ⅲ)	(Ⅳ)	(Ⅳ)	(Ⅳ)	(Ⅳ)	(Ⅳ)	(Ⅳ)	(Ⅳ)	(Ⅳ)	(Ⅳ)	(Ⅲ)	(Ⅳ)	(Ⅳ)	(Ⅲ)
○	○	○		○		○		○	○	○	○	○	○	○	○	
○	○	○	○		○	ー		○						○	○	○
○	○	○	○	○	○	○	○	○	○	○	○	○				
○	○	○	○	○	○	○	○	○	○	○	○	○	○	○	○	○
○	○	○	○	○	○	○	○	○	○	○	○	○	○	○	○	○
○	○	○	○	○	○	○	○	○	○	○	○	○				
○	○	○	○	○	○	○	○	○	○	○	○	○	○	○	○	○
○	○	○	○	○	○	○	○	○	○	○	○	○	○	○	○	○
○	○	○	○	○	○	○	○	○			○	○			○	
(◎)	(◎)					(◎)		(◎)								

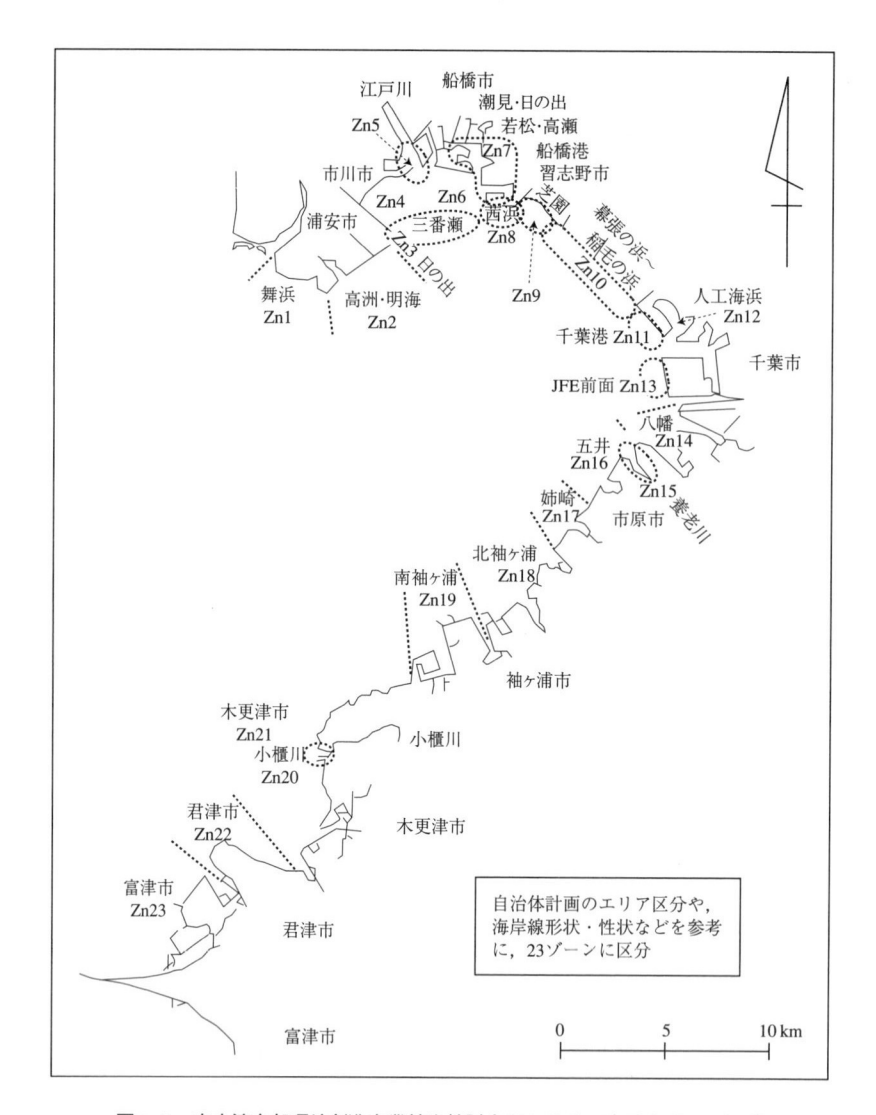

図3・5 東京湾奥部環境創造事業技術検討会における一次スクリーニング

① 材料の選択：浚渫土砂の活用
② 広域のゾーニング：一次スクリーニング
③ 自然再生のメニュー：二次スクリーニング
④ 狭域のゾーニング：二次スクリーニング
⑤ 施工手法：三次スクリーニング

といった各工程の検討が，公開された議論の下に進められてきた．多様な主体が様々な角度から検討した包括的計画としての側面，今後のモニタリングを含めた順応的管理の適用の可能性をもった自然再生事業として，東京湾再生のための行動計画の1つの具体例として，本事業の意義があると思われる．

〔古川恵太〕

2 三河湾：干潟域の水質浄化を活かす造成手法

2・1 三河湾とは

　三河湾は大都市を後背地にもつ東京湾や大阪湾と比較して，流入負荷は相対的に小さくかつ農畜産系廃水による負荷の割合が相対的に大きいのが特徴である[4]．また，三河湾口下層からの伊勢湾系水による栄養塩供給が多く，伊勢湾集水域の影響も強く受けている[5]．面積は604 km^{2}で，伊勢湾の約3分の1，東京湾の6割ほどであり，平均深度は9.2 mと浅く，知多湾に注ぐ矢作川，渥美湾に注ぐ豊川の両河口域にはそれぞれ広大な干潟域が発達している．三河湾の特徴はこれら干潟域をはじめとする浅場の存在であるが，埋め立てにより近年大きく減少している[6]．

2・2 修復の背景（水質悪化のスパイラル）

　現在の干潟・浅場の修復事業が実施されるようになった背景には，三河湾の貧酸素化に関する歴史的な考察[4]があり，図3・6に示す．
　三河湾へのN，P負荷が大きく増加したのは，1950年代から1960年代であり，この時期に透明度が低下した（図3・6）．しかし，図3・7に示すように漁業への影響の大きい赤潮の発生や底層の貧酸素化が進行したのは，それから10年程度経過した1970年代に入ってか

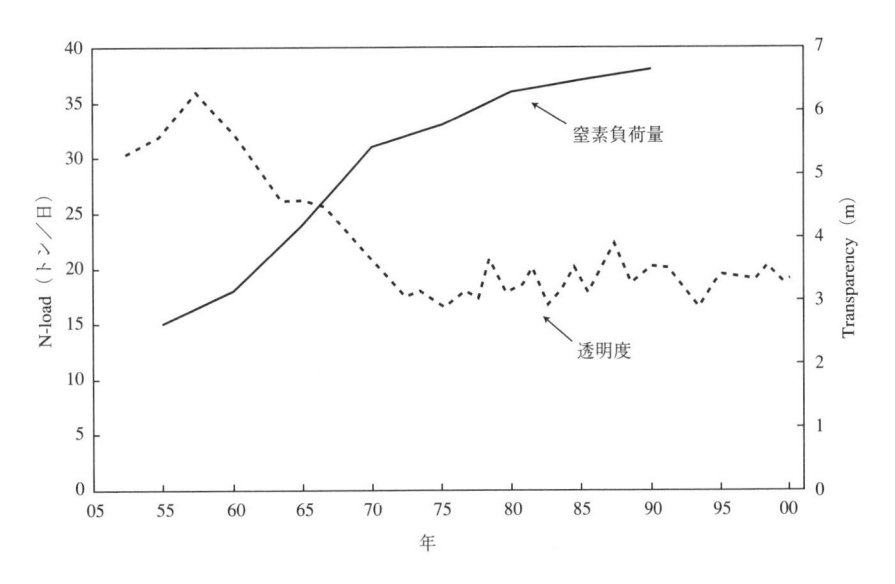

図3・6　三河湾に流入する窒素負荷量と透明度の経年変化[4]

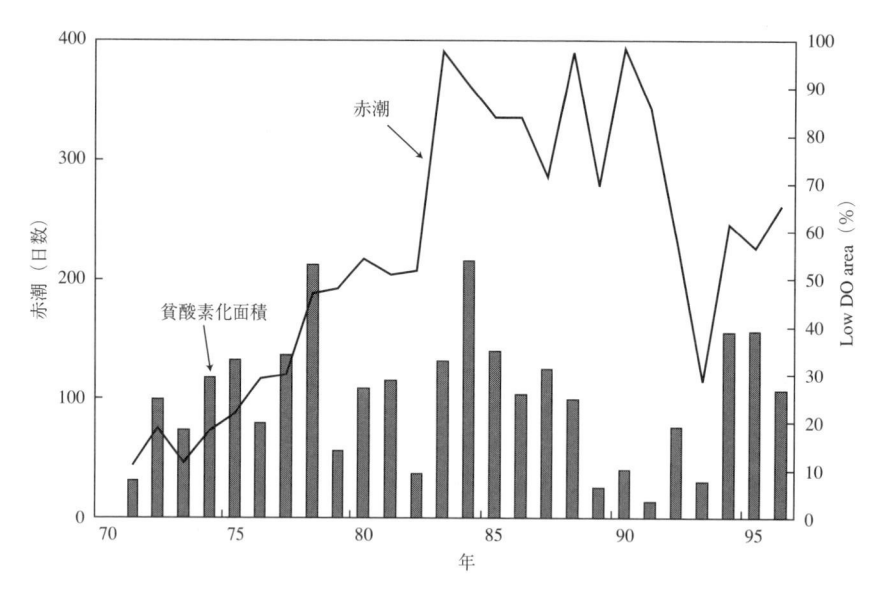

図3・7 三河湾における赤潮発生延べ日数と貧酸素水塊（溶存酸素飽和度30％未満）面積比[4]

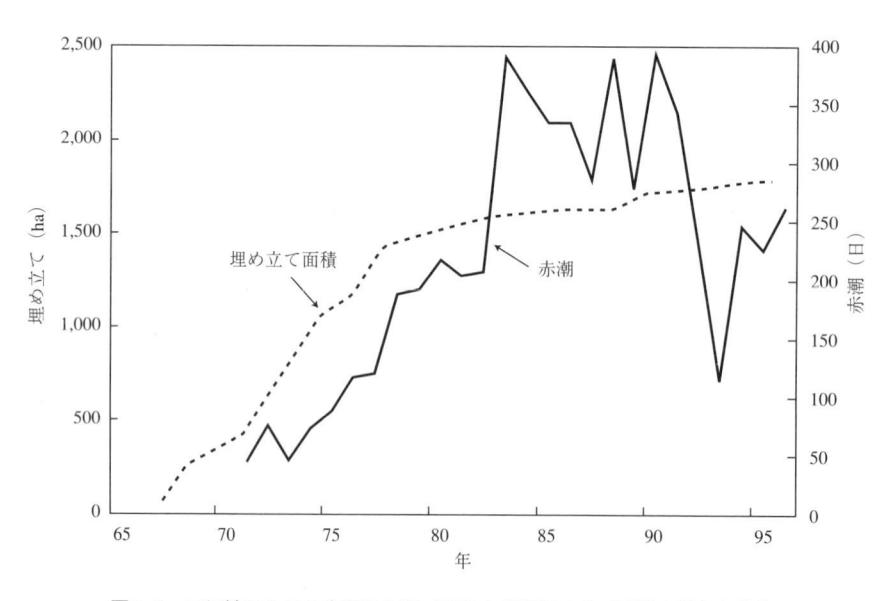

図3・8 三河湾における赤潮発生延べ日数と累積埋め立て面積の経年変化[4]

らである．この時期は高度経済成長期で，三河港内の臨海工業用地整備のための大規模な埋め立てが短期間に進行し，1970年代の10年間だけで約1,200 haの干潟・浅場が失われた．図3・8に示すように赤潮が多発するようになったのは，この埋め立てと時期を同じくしており，同時に夏季の貧酸素化も進行した．

1970年代に行われた埋め立て海域だけでアサリ漁獲量が約10,000トン減少した．この減少量は現在の愛知県全体のアサリ漁獲量とほぼ同じ量であることから，消失海面は極めて

二枚貝類現存量の高い海だったことが推測できる．生態学的にはアサリなどの二枚貝類は濾過食性マクロベントスと位置づけられ，植物プランクトンを含む海水中の懸濁態有機物を除去する高い水質浄化機能を有しており，アサリによる海水濾過速度はアサリ軟体部含有窒素量当たり 33.5 lgN/時[7] 程度と計算されている．消失海面 1,200 ha は三河湾全体の 2 ％にしか相当しないが，そこに生息していた二枚貝類による生物的海水濾過速度は，現在の一色干潟での単位面積当たりの濾過速度で計算すると，夏季の三河湾湾口における物理的海水交換速度[8-10] の 19〜43 ％，過去の漁獲量から現存量を補正した濾過速度では 65〜145 ％ に相当すると推定され（表3・3），この濾過食性マクロベントスによる濾過機能の喪失により，流入負荷や内部生産による水中懸濁物質の増加が生物的に制御できなくなり三河湾の環境を激変させた可能性が高い．底生生物群集がその摂食活動により内湾水中のプランクトン群集や栄養塩濃度を変化させ，湾全体の物質循環にも大きな影響を与えているという報告例[11-15] があるが，三河湾は皮肉にも環境悪化の面からそのことを実証した例といえる．

表3・3　1970年代の埋め立てによる海水濾過速度の減少見積もり

（1）三河湾一色干潟域における海水濾過速度	$3.4〜5.0 \, m^3/m^2/日$
（2）70年代の埋め立てにより消失した海水濾過速度	約 $500 \, m^3/秒$
（3）二枚貝現存量により補正した消失海水濾過速度	約 $1700 \, m^3/秒$
（4）夏季の三河湾湾口における海水交換速度	$1,169〜2,600 \, m^3/秒$
（5）海水交換速度と対比した消失海水濾過速度	19〜43 ％（ケース2） 65〜145 ％（ケース3）

また，渥美湾奥の埋め立ては単にその場の水質浄化機能を喪失させただけではなく，他のアサリ生息域への浮遊幼生供給量を大きく低下させることにより，湾全体のアサリ資源に影響を与え，水質浄化機能を低下させた可能性も否定できない．筆者らは 1998 年 5 月 1 日から 5 月 31 日までの三河湾の流動場を同時期の境界潮位，風，淡水流入量の観測値を用いマルチレベルモデルにより再現した後，その流動場をベースに三河湾最大のアサリ漁場である一色干潟域の海底＋0.5 m に置いた 15,000 個のアサリ浮遊幼生を模擬した漂流粒子が 2 週間の浮遊期間を時間的に遡ることにより，どの海域から供給されたのかを推測することを試みた[16]．このような時間遡り計算手法はリセプターモードモデルと呼ばれている．アサリ浮遊幼生が底面付近に移行するフルグロウン期までの漂流期間は現場水温から推算して 2 週間に設定した．漂流水深は塩分成層の状況，浮遊幼生の発達段階や昼夜に応じ変化すると思われるが，この計算では受精後 12 時間のトロコフォア幼生期は流れに完全に受動的とし，その後は水深 3 m を中心に鉛直方向に小さな分散を維持し，最後の 2 日間は最下層にのみ位置すると仮定した．計算は流動場の異なる 5 月 27 日から 5 月 14 日までの時間遡りと，5 月 15 日から 5 月 2 日までの時間遡りの 2 ケースで行った．結果を図 3・9 (a)，(b) にそれぞれ示す．結果はいずれのケースも主として渥美湾奥の埋め立て海面付近に到達し

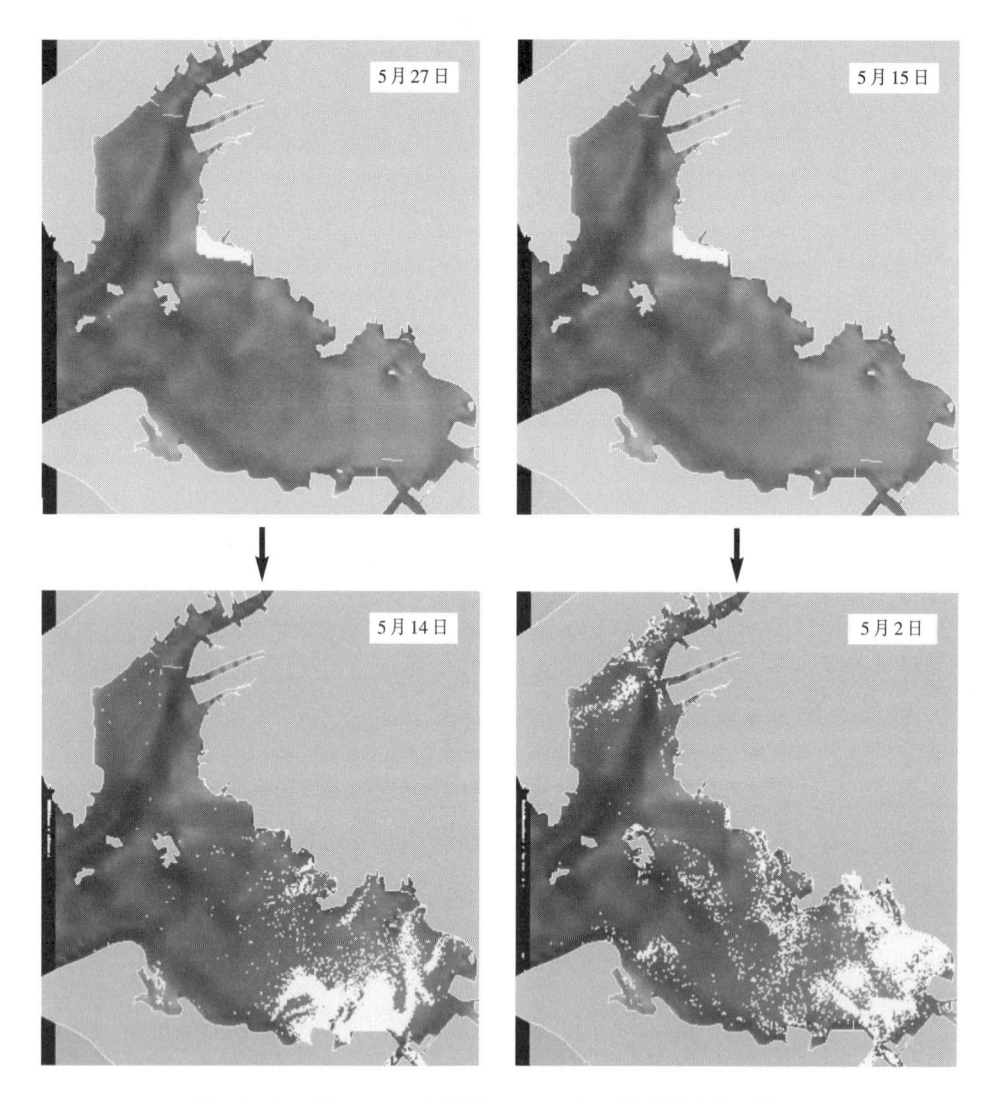

図3・9 リセプターモードモデルによるアサリ幼生の着底場と供給場

た．この結果の検証は今後の課題ではあるが，湾奥の埋め立てによる濃密なアサリ母貝群の喪失によって，湾内域への浮遊幼生の供給が大きく減少し，それによって湾内アサリ資源およびそれらによる水質浄化機能が大きく影響を受けた可能性は高い．その後，アサリ浮遊幼生の鉛直分布を支配する要因として最も重要な幼生の塩分選好性について飼育実験に基づいた定式化[17]が行われており，リセプターモードモデルの精度向上が図られている．

埋め立てが減少した近年も依然として濾過食性二枚貝の現存量が低下しつつあることが憂慮される．例えば，2001年および2002年の夏季には，三河湾奥豊川河口域のアサリ資源が苦潮（貧酸素水の湧昇現象）による被害を受けた．特に，2002年夏には約4,000トンの稚貝が斃死した．図3・10は豊川河口域地先の浚渫窪地（47 ha，140万m^3）おいて2002

年8月の苦潮発生直後から溶存酸素（DO）の長期連続観測を行った結果[15]である．8月20日に台風13号による撹乱の後も，底層DOは2日程度で再び無酸素化し，その無酸素状態が1ヶ月程度継続した．さらに特徴的なのは，表層でも短時間ではあるが数回にわたって，引き潮時に貧酸素水の湧昇によるDOの急激な低下が確認されたことである．通常，貧酸素水の湧昇には強風による吹送流が関与しているが，この観測からこの浚渫窪地では潮汐流も関与していることが明らかになり，周辺の浅場生態系に与える貧酸素水の影響の頻度が，通常の苦潮よりもかなり高いことがわかった．浚渫窪地は無酸素水の無限発生装置，連続放出装置ともいえる状況になっており，他の浚渫窪地の影響もあいまってアサリ稚貝の大量斃死に関与した可能性は高い．これは埋め立ての後遺症ともいえる現象である．このような大量斃死事故などもあって，湾内浅場の水質浄化能力は依然として低下しつつある．この浚渫窪地の修復については，その後，愛知県漁連と港湾関係部局との調整により三河港航路の維持浚渫や泊地浚渫で発生する土砂を利用して元の状態に埋め戻す修復工事が2003年4月から実施されている．修復工事開始後はDO環境の改善が認められつつあり，斃死も起こっていない．

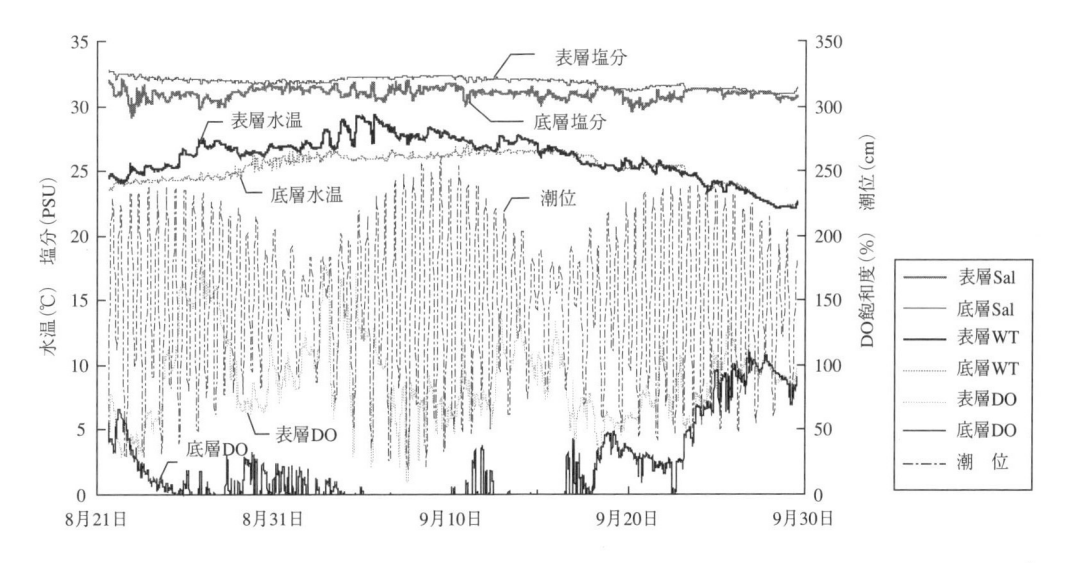

図3・10　三河湾奥浚渫窪地の表層および下層における水温・塩分・溶存酸素（2002年8月21日～9月30日）[18]

　このように埋め立てや浚渫などの，何らかの人的インパクトが契機となり一旦貧酸素化が進行すると，健全な浅場までがその水質浄化機能を連鎖的に喪失し，海全体が水質悪化のスパイラルに陥入する可能性が試算されている．

　水深5m以浅の浅場は干潟以上に二枚貝類の現存量が高く，重要な漁場となっているが，近年，このような浅場にも沖合いの貧酸素水の影響が及ぶことがある．三河湾奥部の水深2.5mから4.5mの浅場で2ヶ月間連続して貧酸素化の動向と底生生物群集を観測した結

果[9])や，貧酸素化によるマクロベントスの死亡過程を水温と溶存酸素飽和度の関数として定式化した結果[10])を基に，底生生態系モデルにより貧酸素化に伴う海水と底泥との間の窒素収支の変化が計算された[18])．

計算結果から，底泥と海水との物質収支のみを時系列的に表したものが図3・11である．観測期間中6月11日から断続的に貧酸素化し，7月20日から急速に無酸素状態が進行し，7月23日，7月26日にはほとんど1日中無酸素状態が継続する状況であった．底生生物群集の構造はDO濃度の変動により大きく変化し，バクテリアは一時的な貧酸素化により一旦増加したが，貧酸素化の進行により最終的には大きく減少し，結果として未分解の底泥デトリタスが増加した．底生微小藻類は日射量によって変動したが，やはり貧酸素化の深刻化により現存量が低下した．メイオベントスは一時的な貧酸素化に敏感に反応しつつ増減したが，貧酸素化の深刻化に伴い現存量が激減した．アサリを主体とする濾過食性マクロベントスやゴカイ類などの堆積物食性マクロベントスは初期の一時的な貧酸素化には影響されなかったものの，貧酸素化が深刻化する過程で下層堆積物食者を除いて現存量が激減した．これら底生生物群集の構造的変化により，7月16日まではPON（懸濁態有機窒素）の除去速度は561～962mg N/m^2/日（平均785mg N/m^2/日）の範囲にあり，それに対し，DIN（溶存無機態窒素）の溶出は159～757mg N/m^2/日（平均535mg N/m^2/日）の範囲であった．その結果，TN（総窒素）収支では43～401mg N/m^2/日（平均250mg N/m^2/日）のsinkであった．しかし，7月16日から7月22日にかけてPONの除去速度，DINの溶出速度がともに急速に低下し，7月29日にはPONの除去速度はほとんど消失した．このことによって，TN収支では7月22日以降，吸収源から約240mg N/m^2/日の発生源に転じた．

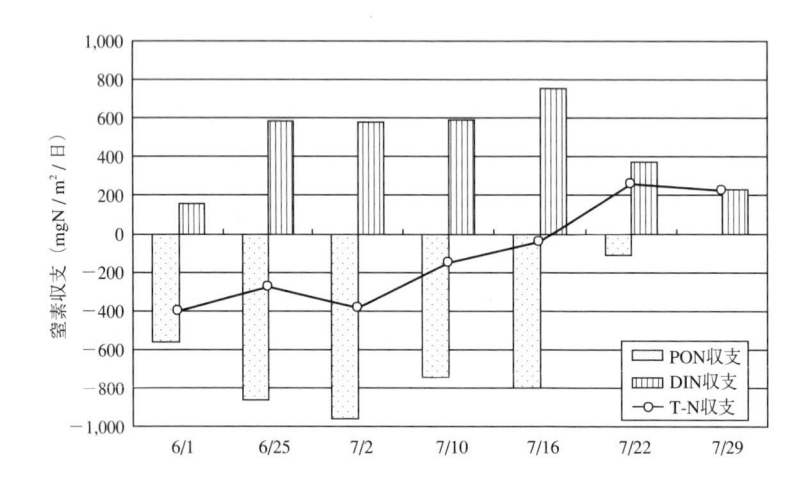

図3・11 1996年6月1日から7月29日までの海水と底泥間の窒素収支の変化（鈴木ら[18])より引用），DIN：溶存無機態窒素，PON：懸濁態有機窒素，TN：総窒素

底生生物が豊富な水深5 m以浅の浅場は三河湾の面積の22％を占めるが，その1/3が貧酸素水塊によって，上述の影響を受けたと仮定すると，その海域ではTNで11トンN/日の溶出となり，三河湾への流入負荷量を41トン/日とすると，その27％程度に相当する負荷源を抱えたことになる．逆に全く貧酸素水塊による影響を受けなければ，水深5 m以浅の浅場全体でPONで104トンN/日，の除去（sink）となり，これは流入負荷量の2.5倍に相当し，三河湾上層の夏季の平均的な基礎生産速度（厳密にはNew production）を33トン/日[5]とすると，これをも大きく上回る．TNでは33トンN/日の摂取となり，これも流入負荷量の約80％に相当することになる．現在発生している貧酸素水塊の規模は，残存している浅場の有する水質浄化能力を消失させるだけでなく，浄化の場から逆に大きな負荷源に転じさせる危険性を有することをこの結果は示唆している．

湾の環境修復のためには図3·12に示すように貧酸素化による水質悪化のスパイラルを脱し，生物的機能による自律的な回復軌道に復帰させることが重要となる．そのためには貧酸素化の規模を軽減するため，残存干潟域の保全はもちろん，貧酸素の影響を受けない必要最小限の干潟・浅場造成が必須であると考えられるようになった．

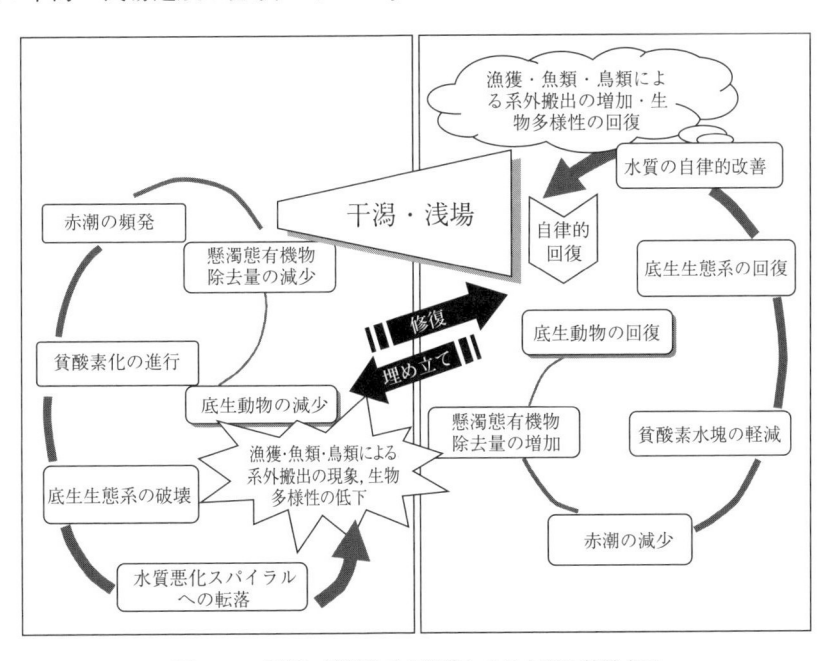

図3·12 干潟・浅場造成を契機とする水質改善模式図

2·3 干潟・浅場の修復

(1) 環境修復事業実現の経緯

三河湾では,1998年より干潟・浅場造成事業が行われているが（図3·13），これは，貧酸

図3・13　1998年～2004年の間に造成された干潟・浅場造成箇所（国土交通省中部地方整備局三河港湾事務所作成）

素化による水産資源の減少に危機感を抱いた愛知県漁連の強い要望により実現された．県漁連は1996年，1997年と2ヶ年にわたり，大学，水研，水産系統の団体，民間企業の委員や水試も含めた県関係部局のオブザーバーからなる独自の研究会を設け，愛知県の漁場環境修復策を検討した．その論議の中で様々な修復策が論議されたが，干潟・浅場の造成が最も合理的かつ効果的であるとの結論をまとめ，その造成規模も1,000 ha以上が必要とした[19, 20]．しかし，当初その実現は砂の確保や資金の面から困難視されていたが，三河湾湾口部中山水道航路の浚渫により発生する大量の砂（620万m^3）を三河湾の環境改善に資する内容の合意が国と県漁連との間でなされたことで，干潟・浅場造成による三河湾の環境修復が国，県の連携事業により一気に実現することになった．分担海域は漁業権区域内，港湾区域内および漁港区域内を県が，国（中部地方整備局）は県担当海域以外の一般海域を実施し，すでに1998～2004年の間に620万m^3の砂により39ヶ所，600 haが造成された．

現在，造成後の効果を検証するためモニタリング調査が国および県によって行われており，ここでは愛知県水産試験場で実施した成果の一部を以下に紹介する．

a）一色造成地区（26ha）の例[21]

2000年8月に一色町地先に造成された人工干潟において，造成後10ヶ月後からの底生動物の出現動向を調査し，水質浄化機能，生物多様性，水産有用種の出現の3つの視点から

評価した．その結果，マクロベントスの中でも水質浄化機能の高い二枚貝類が造成区域中央部やその縁辺部に多く出現した．特にアサリ，シオフキ，バカガイなどの水産上有用な二枚貝類は造成区域中央部に多く出現したが，その種ごとの出現傾向は図3・14に示すように同じ造成地区内でも，地盤高のわずかな違いによって差が認められた．また，生物多様性が高い地盤高と水質浄化機能の高いそれとは一致しなかった．また，ベントス以外に造成後1年に満たないにもかかわらず，イシガレイ稚魚が高密度に出現し，天然干潟（仙台湾蒲生干潟[22]）とほぼ同水準の生息量が確認された．その胃内容物を調査した結果，2月，3月に干潟に出現する初期の小型個体は主としてゴカイの仲間のツツオフェリアを捕食しているが，4月になると二枚貝類の水管が多く出現することが明らかになり，干潟造成による

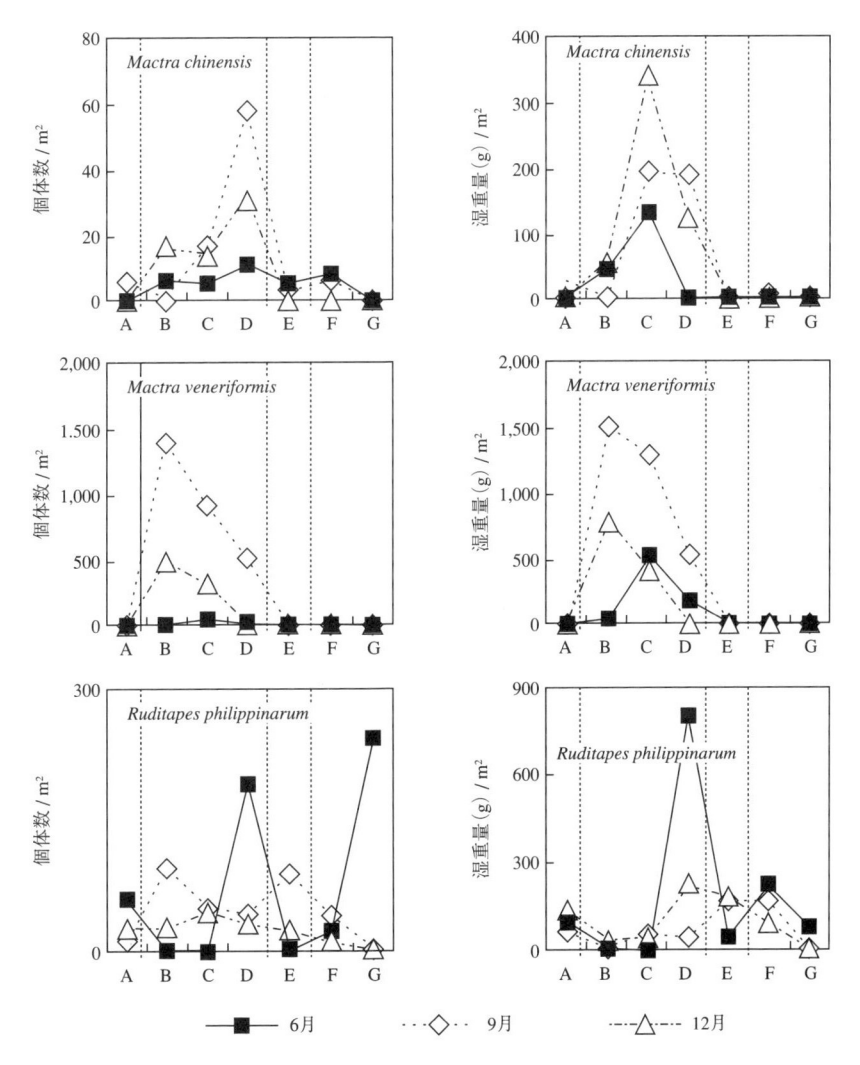

図3・14　一色造成地区における二枚貝類の地盤高別出現状況（2001年）[21]
地点A，B，C，D，E，F，Gの地盤高はそれぞれDL0 m，＋1.0 m，0 m，－0.5 m，－1.0 m，－2.0 m

二枚貝類の増加がイシガレイ稚魚の蝟集に密接に関連していることがわかった（鈴木ら，未発表）．さらにイシガレイ稚魚は体長により分布水深に僅かな違いがあり，体長1.0〜1.5 cmの着底直後の小型個体は造成区域縁辺部のDL－0.5 m〜DL－1.0 m程度のやや水深のあるところに中心的に出現し，体長3.0〜4.5 cm程度の大型個体はDL 0 m〜DL＋0.5 mの造成区域中央部にも出現した．このことは遊泳能力や摂餌能力が未発達な着底直後の稚魚ではより波浪が弱く，餌の豊富な縁辺部が適しており，成育するにしたがって徐々に干潟全域を利用しているのではないかと推測され，イシガレイ稚魚の成育には連続した水深構造が必要であることも明らかになった．地盤高の設計は今後の干潟造成の重要な検討課題であり，海域利用の制限や砂止め対策などのための潜堤などによる地盤高の不連続は極力回避し，連続した水深の確保が望ましい．しかし，逆にこのことは造成適地を大きく制約することでもある．

b) 西浦造成地区（12 ha）の例

1999年6月に造成された蒲郡市西浦の人工干潟においては，一色造成地区と同様にアサリ，バカガイ，シオフキなどの二枚貝の他，ガザミが大量に生息していることが確認された（図3・15）．二枚貝類の地盤高別出現状況では一色地区と同様な地盤高による差が認められている．特に稚ガザミの生息密度は造成後1年経過した2000年6月末での観測では全甲幅40 mm〜80 mm程度のものが1.01尾/m^2，8月末では全甲幅110 mm程度のものが0.10尾/m^{2}であった．採集方法の違いもあり正確な比較はできないが瀬戸内海での天然干潟での報告事例[23, 24]（0.053〜0.56尾/m^2）よりも高い密度であった．しかし，一色造成地区には見られなかった新たな課題も観測された．2002年に新たにその近傍のやや沖合に造成された浅場（DL－3.9 m）では干潟域に比べ生物の加入が極めて僅かであり，浄化の中

図3・15　西浦造成地区における水流噴射式小型桁網によるメガベントス採集状況（曳網距離100 m）

心生物である濾過食性二枚貝は現在のところほとんど生息していない．スキューバ観察によるとすでに浮泥の堆積が確認されている．この理由はこの造成地区では現在の造成地盤高では夏季の貧酸素水の影響を受けてしまうためと考えられた．

二枚貝類現存量は観測時で大きな差が認められたが，最も二枚貝現存量の少なかった2002年10月10日の生物量から，同海域での水質浄化機能（懸濁物除去速度）を計算すると，鈴木ら[25]が三河湾沿岸域9地区（DL-0〜-5m）で計算した6月（0〜446，平均49 mg N/m^2/日）および8月の値（0〜545，平均49 mg N/m^2/日）とほぼ同レベルであった．したがって，平均的な三河湾内浅場の水準までは回復しており，二枚貝現存量の多かった11月〜2月の現存量で計算すれば，懸濁物除去速度はその数倍程度高いと推定され，DL 0.5m〜DL-0.5m程度の地盤高の高い場所では一色干潟での観測値[4]（227 mg N/m^2/日）に近い値となると推測された．

2・4 修復に関する今後の課題

(1) 干潟・浅場造成手法の確立

貧酸素化の緩和策検討のため，伊勢湾・三河湾奥部最下層における懸濁態有機炭素（POC）の収支を計算した例[26]がある．その結果からPOCの底面への沈降フラックスは海水交換による当該海域への移入量に匹敵する大きさであるため，仮に酸素消費速度の高い有機汚染泥（ヘドロ）を浚渫除去しても次々にヘドロ予備軍が加入・沈降する状況であり，貧酸素化対応としてのヘドロ浚渫はざるで水を汲むがごとき非効率な作業であることを述べた[27]．従来の覆砂工法も浚渫と同様，ヘドロ化した底質からの栄養塩類の溶出を減少させることに主目的が置かれ，マクロベントスなどの回復は副次的な目的とされている．しかし，浚渫と異なる点は，新たな良質の底質が確保されたことにより底生生物の加入着底が促進され，それらによる有機懸濁物や沈降有機物の摂食除去が機能している内はヘドロの堆積が防止される点である．上述（2・2）したように夏季の三河湾奥浅場における連続的な窒素収支の変化を計算した例[18]から，PONの沈降速度は堆積物食性マクロベントスのデトリタス摂食速度と均衡しているが，その均衡が貧酸素化によるマクロベントス群集の衰退によって崩壊し，新生堆積物が急速に増加することが示唆されている．三河湾東部美浜町沖での覆砂海域のモニタリング[28]では，対照区に比べ覆砂区は底生生物の増加が認められ効果が認められるものの，時間の経過とともに新たな浮泥が覆砂上に堆積し，マクロベントス量も減少することが問題点として報告されている．持続しない理由は貧酸素水の影響と推測されており，マクロベントスによる沈降有機物の除去能が失われたためと考えるのが妥当であろう．このように現地盤に一律の厚さで砂を散布し，底質を改良することを主目的とする従来の覆砂方式では貧酸素水塊の発達が著しい場合，貧酸素水塊影響水深よりも深い覆砂

海域のマクロベントスがダメージを受けるため，一時的には効果を有するものの，次第にその効用が大きく減退するという欠点がある．今尾ら[29]は，夏季の貧酸素化時でも二枚貝類の生残率70％以上を確保し，それによる水質浄化機能を発現させうる限界水深（以後，設計地盤高と称する）を水温，DOの連続観測とアサリ生残率予測モデル[30]から海域ごとにまず決定し，さらに設計地盤高より浅い海域でも，すでに底生生物の生息が困難な底質（IL：5％，TN：1 mg/dry/g，COD：10 mg/dry/g以上）[9]となっている海域は0.5 mの一律覆砂を行うといった併用工法を三河湾を例として提案した．その結果の一部を表3・3に引用した．それによれば三河湾内で浅場造成を検討した基本水準面下−4 m以浅の9小海域の内，地盤の嵩上げが必要とされた7小海域の造成前の平均懸濁態有機物除去速度は32 kg N/日/km^{2}であったが，造成後は88 kg N/日/km^{2}に上昇すると期待され，覆砂厚0.5 mおよび1.0 mの一律覆砂により期待されるそれぞれの懸濁態有機物除去速度（覆砂厚0.5 m：43 kg N/日/km^2，覆砂厚1.0 m：50 kg N/日/km^2）よりも高くなり，提案工法による造成前後の浄化機能の増加（＋56 kg N/日/km^2）は0.5 mおよび1.0 m厚の一律覆砂工法のそれぞれ5倍，3倍になると推測され，同等の機能をもつ下水道施設建設費に置き換えた懸濁態有機物除去機能の経済的評価と造成経費の比較においても従来の覆砂工法よりはるかに効果的であることが提案されている．貧酸素化の進行した内湾においては一律に覆砂を行うよりは，貧酸素化の影響を回避する設計地盤高を対象海域ごとに厳密に求めた上で造成を行うことが望ましく，それにより水質浄化機能の大幅な向上が図られるばかりでなく，使用する土砂量が節約できる．例えば，今尾らにより計算された西浦地区近傍（表3・4；L.5）における設計地盤高はDL−3.2 mであるが，上述（2・3（b））の西浦造成地区の状況で述べたように，底生生物の生息量が現在のところ非常に低い沖合の覆砂海域の地盤高はDL−3.9 mであり，

表3・4 三河湾9小海域における浅場造成条件の検討結果および浅場の水質浄化能[29]

地区	浅場造成地盤高[*1] m（DL）	検討対象面積[*2] km^2	浅場造成＋覆砂		本造成手法による有機懸濁物除去量[*3]		一律層厚覆砂による有機懸濁物除去量[*3]	
			面積 km^2	土砂量 m^3	造成前 kgN/日/km^3	造成後 kgN/日/km^3	厚0.5m kgN/日/km^2	厚1.0m kgN/日/km^2
L.1	− 3.8	0.265	0.186	80,709	108.9	405.6	157.0	192.8
L.2	−	1.547	−	−	−	−	−	−
L.3	− 2.6	0.206	0.107	85,522	59.3	53.8	56.7	38.0
L.4	− 3.4	0.373	0.373	176,786	16.4	27.9	7.1	8.9
L.5	− 3.2	0.223	0.177	81,201	39.9	94.0	55.7	60.5
L.6	− 1.3	0.166	0.147	279,074	7.1	32.1	11.3	18.5
L.7	− 2.3	0.241	0.161	114,637	1.5	6.6	2.9	4.0
L.8	− 2.4	0.147	0.147	102,454	0.2	0.3	0.2	0.2
L.9	−	0.471	−	−	−	−	−	−
全体	−	3.638	1.298	950,383	31.6	88.0	43.1	50.2

[*1]：基本水準面−4 mにおける計算された浅場造成の地盤高
[*2]：深浅測量を実施した調査範囲のうち，浅場造成および覆砂を検討した基本水準面下の−4 m以浅の面積
[*3]：有機懸濁物除去量は8月の底生動物現存量を基に計算

設計地盤高よりも 0.6 m 低い地盤高となっている．三河湾のように貧酸素化が顕著な海域ではこのような土木的にはわずかと思われる地盤高の差によっても，底生生物の加入・成育やそれらによる水質浄化機能に極めて大きな差が出ることは今尾らのシナリオに基づいた計算結果が正しいことを裏付けるものであろう．現在のところ，造成地盤高については生物学的情報量の不足や，設計・施工者が従来の海洋土木技術の枠組で干潟・浅場造成を行っていることなどから，生物学的な視点からの検討が十分になされて設計されてはいない．ある程度の試行錯誤はやむを得ないが，今後のモニタリング動向を見ながら地盤高の改良などが必要なケースもでてくるであろうし，今尾らの手法を実際の造成現場でより積極的に活用することが望まれる．

(2) 造成基質の確保

干潟・浅場造成や過去の浚渫跡の修復には砂が必須である．1999 年から 2004 年にかけて実施されてきた三河湾での干潟・浅場造成事業では，毎年約 100 万 m^3 の航路浚渫砂が使用されたが，2005 年以降はこのような大量の砂は発生しない．三河湾の環境修復を実現するには，2・3 で述べたように少なくとも 1970 年代に喪失した 1,200 ha の修復規模は必須であり，2005 年以降もこのような規模で新たな干潟・浅場造成を環境への負荷を与えずに継続するには，海砂に代わる新たな基質を確保することが最も重要な緊急課題である．しかし，干潟造成に必要な国内の海砂採取量は，海域環境保全のため激減し，価格の高騰が予想される．例えば瀬戸内海では 1960 年頃から開始された海砂採取により，水産資源に深刻な影響が出ていることが危惧されており[31, 32]，近い将来，採取が全面的に禁止される動向である．また，海外からの輸入砂も防疫上の問題があり，使用には適さない．

今後，利用可能な砂資源として考えられているのは，高炉水砕スラグなどの人工砂，港湾，漁港の航路・泊地浚渫で発生する土砂，ダムの堆積砂である．これらはいずれも長所・短所を有しており，現在，様々な検討が行われている．

高炉水砕スラグは計画的に確保でき，かつ品質が安定しているため人工材料として有望視されているが，製造過程ででる針状突起物を取り除くための軽破砕によって粉状物質が材料中に混在し，それらが海中投入時に分級し，時間の経過とともに固化，癒着を生じることがあるという欠点が指摘されており，今後より長期間の実験による科学的な知見の収集，広報が必要である．港湾，漁港の航路・泊地浚渫で発生する土砂は有機スズなどの化学物質による汚染の可能性や，水分含量など性状の点でかならずしも良質とはいえない材料も多い．三河湾における国土交通省中部地方整備局と愛知県水産試験場による干潟・浅場造成材料に関する小規模実証試験の結果（未発表）によれば水質，底質，底生生物，底生性魚類稚魚，水質浄化機能などに関する評価ではダム堆積砂が高炉水砕スラグや浚渫泥よりも格段によいとされている．輸送コストの問題が解決すべき最も大きな課題であるが，

このような海域修復にとって必須な有用砂資源がダム機能を阻害するやっかいものとして扱われていることは極めて憂慮すべき状況であり，海域側とダム側との間の早急な協力，調整が強く望まれている．

(3) 造成適地の選定

干潟や浅場を湾のどこに修復するのが最も効果的か？　という課題がある．水質浄化機能の高いアサリは受精後約2週間の浮遊幼生期があり，その時期海水の流動場の影響を強く受ける．豊川や矢作川などの河口域は，三河湾内有数のアサリ稚貝発生海域であるが，これらの河口域への浮遊幼生の漂流経路を推測し，浮遊幼生供給域を特定することができれば，そこに重点的に干潟・浅場を造成することにより，湾全体への効率的かつ安定的なアサリ幼生の供給が可能となり，湾全体の水質浄化機能が大きく向上する．また，そのような海域を埋め立てなどの開発計画から事前に回避し，積極的に保全することもできる．

上述（2・2）した逆時間追跡数値シミュレーション[16]の結果，現在の三河湾におけるアサリの最重要漁場である一色干潟域への浮遊幼生供給源は一色干潟近傍だけでなく埋め立てが進行し環境が悪化している渥美湾奥や知多湾奥に多く存在している傾向が見られた．渥美湾奥の干潟・浅場は1970年代に1,200 ha程度が埋め立てられたが，埋め立て海域に漁業権を有していた豊橋市内6漁協のアサリ漁獲量の推移（第14～19次愛知農林水産統計年報）を見ると，埋め立て前の1967年に約13,000トンあった漁獲が埋め立て後は約2,000トンに激減している．現在の愛知県全体のアサリ漁獲量（2003年；11,056トン）とほぼ同じ量が埋め立て前の豊橋市周辺だけで漁獲されていた．佐々木[33]は埋め立てにより失われた海域では1.6 kg/m^2の漁獲量があったと計算し，同様に求めた東京湾の値（0.32 kg/m^2）の5倍となることから，かつてそこが極めて生産力の高い優良な漁場であったことを示唆している．現在，一色干潟域のアサリ生産は水流噴射式桁網の合法化と膨大な稚貝移植によりかろうじて漁獲量を維持しているが，過去ほどの稚貝の大量発生は見られていない．このことは今回の数値模擬実験から推測されるように，湾奥の埋め立てが，一色干潟域へのアサリ浮遊幼生の供給を大きく減少させたことによっている可能性も否定できない．

今後の三河湾における干潟・浅場造成の適地としては，湾奥部の旧干潟・浅場域の前面が望ましく，またそれら埋め立て地内にわずかに残っている干潟・浅場の価値はますます重要である．経済状況の変化などで利用の目途の立っていない埋め立て地をもとの干潟・浅場に戻すといった新たな発想[34]も，干潟や浅場のもつ水質浄化機能をはじめとする多面的機能についての評価が定量的になされるようになった現在では検討に値する合理的な提案であろう．

（鈴木輝明）

3 英虞湾：浚渫ヘドロを用いた干潟再生実験

3・1 英虞湾再生プロジェクトの経緯

　三重県の伊勢志摩地方に位置する英虞湾は真珠養殖発祥の地として古くから発展してきた．しかし，英虞湾の環境は，都市や集落からの下水排水，有機汚泥の堆積，貧酸素水・赤潮の発生などの水質や底質の悪化が顕著化し，ここ数年では，新型渦鞭毛藻ヘテロカプサ・サーキュラリスカーマによる有害赤潮の発生や，貝柱の赤変化に代表される感染症問題により，もはや英虞湾で1年を通しての真珠養殖が困難な状態になっている．そこで，大学，県の研究機関や地元の漁業者とともに，英虞湾の環境再生に資する対策案を検討し，その検討過程において，都市排水や養殖事業からの負荷削減などに加えて，英虞湾自体の自然浄化能力の強化が必要であり，特に，干潟の再生が必要との認識が強まってきた．英虞湾の海岸地形は典型的なリアス式海岸であり，沿岸各部には細長い谷状地形が形成されており，この谷状地形に沿って沿岸の干潟から陸域の湿地までが連続する水際帯が数多く存在している．しかし，この谷状地形は沿岸部を堤防で締め切ると容易に陸地化できることから，高度成長期を中心に盛んに田畑へ転換された．三重県が実施した最近の衛星画像解析結果によると，英虞湾全体の干潟面積の70％，海域面積の10％が既に消滅している状態にあることが判明し，英虞湾の自然浄化能力が大きく損なわれたと考えられる[35]．このような状況下，英虞湾で既に失われた干潟を再生するために，地元漁業者の研究組織である立神真珠研究会が主体となり，三重県，大成建設の協力の元に，小規模な干潟再生実験に2000年に着手した[36,37]．その後，2002年には地域の市民，行政，大学，企業などが連携する英虞湾再生コンソーシアムが設立され，干潟再生実験のみならず，アマモ移植，ヘドロ浄化などの様々な取り組みが始まった．さらに，2002年12月に三重県が申請した研究提案が科学技術振興機構の公募型事業に採択され，現在，三重県地域結集型共同研究事業「閉鎖性海域における環境創生プロジェクト」の中で，大規模な干潟・アマモ場造成事業や造成後の長期追跡モニタリングが継続されている[38]（本干潟再生実験の取り組みは，2001（平成13）年度土木学会環境賞を受賞した）．

3・2　小規模干潟再生実験[36,37,39]

　一般に，人工干潟の造成には清浄な山砂や海砂が使用されるが，良質な砂の不足に加えて，砂採取地での環境破壊が懸念されている．一方，底泥浄化事業として実施される汚濁

底泥の浚渫では，浚渫ヘドロの処分が大きな問題となっている．このような観点から，浚渫土砂を利用した人工干潟の実施例が増加してきた．その造成方法としては，浚渫土を干潟の内部に敷設し，その上から清浄な山砂あるいは海砂を覆砂する方法が一般に採用されている（図3・16上図）．この場合，浚渫土は干潟の「あんこ」として地下に封印され，単なる嵩上げ材料として利用されているにすぎない．また，干潟表面に清浄な砂で覆砂を行うと栄養分が不足して底生生物の復活が遅れるとの指摘もある．一方，浚渫ヘドロに多量に含まれる有機物は生物の栄養源であることから，重金属やダイオキシン類などの問題がなければ，浚渫ヘドロは干潟生態系への栄養供給材料として利用できる可能性がある．さらに，好気的環境にある干潟生態系では浚渫ヘドロ中の有機物の酸化分解が促進され自然浄化が進むと期待される．これは，従来，不要物として処分されてきた浚渫ヘドロを有効な資源と見なして再利用するもので，資源循環型の新しい干潟再生技術と言える．

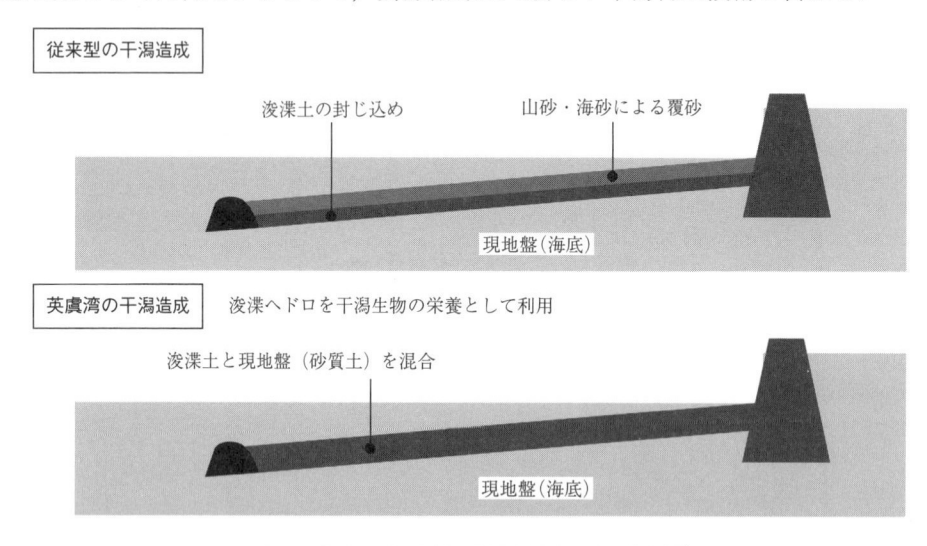

図3・16 浚渫ヘドロを用いた干潟再生工法の特徴[36]

そこで，英虞湾における干潟再生実験では，浚渫ヘドロを地下に封印せず，現地盤土と混合して干潟を造成することにより，干潟生態系への栄養供給を確保しつつ，浚渫ヘドロ自体の浄化を行うという新しい発想で，現地実験を実施した（図3・16下図）．浚渫ヘドロを用いた干潟では，干潟土壌にヘドロ分が多すぎると底質の嫌気化が進行して底生生物の生息に適さないものとなることから，健全な干潟環境を維持するために干潟土壌に浚渫ヘドロをどの程度混合すればよいかという数値条件を明らかにすることが最重要課題である．

そこで，英虞湾立神浦に現地盤土（砂質土）と浚渫ヘドロを所定の割合で混合した6区画の干潟実験区を造成し，水質・底質の変化，底生生物の復活状況を3年間にわたり追跡モニタリングを実施して，干潟生態系に対して最適な浚渫ヘドロの混合率，底質粒度の最適条件を明らかにした．干潟実験区の平面図を図3・17に示す．浚渫ヘドロは英虞湾の真珠養

殖漁場で浚渫され脱水処理されたものを粉砕して用いた．浚渫処理土のCODは約37 mg/g-dryと高く，長年の養殖漁場利用により有機汚濁が進行したヘドロであると言える．各実験区の浚渫ヘドロの混合割合は，実験区①で浚渫ヘドロ0％（現地盤土のみ），実験区②で浚渫ヘドロ20％，実験区③で浚渫ヘドロ50％とした．実験④，⑤はここでは割愛する．人工干潟は2000年9月29日に完成し，さらに1年後，2001年9月30日に浚渫ヘドロのみで造成した実験区⑥を増設した．各実験区の水質，底質，底生生物の変化について，2000年10月から2003年9月まで3年間にわたる追跡モニタリングを実施した．

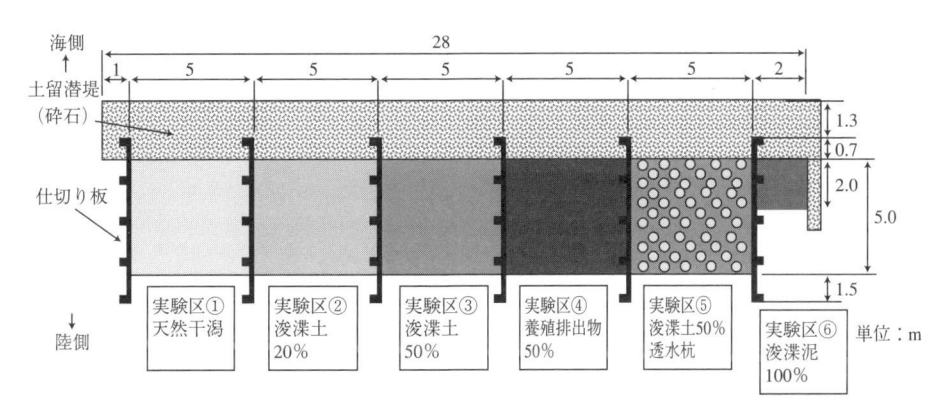

図3・17　干潟現地実験場の平面図[36, 37]

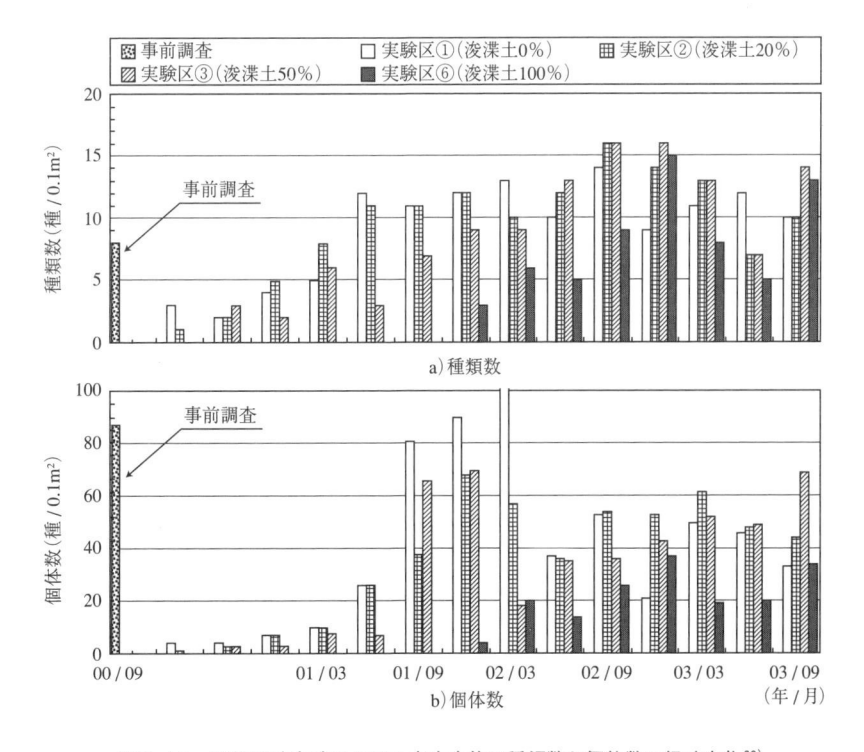

図3・18　干潟現地実験における底生生物の種類数と個体数の経時変化[39]

干潟実験区①（現地盤），②（浚渫ヘドロ20%），③（浚渫ヘドロ50%），⑥（浚渫ヘドロ100%）における底生生物の追跡モニタリング結果について，底生生物の種類数および個体数の経時変化を図3·18に示す．干潟土壌を混合した造成直後では各実験区ともほとんど底生生物が見られなかったのに対して，2ヶ月後から増加し，種類数は造成後約半年で，個体数は造成後約1年で，事前調査とほぼ同じ数まで増大した．干潟造成によるインパクトから底生生物が回復するまでの期間は約1年と意外に早い．造成後1年半を経過すると，底生生物の種類数，個体数とも，年レベルとしてはほぼ安定した状態に達した．

全実験区に出現した底生生物の種類数と干潟土壌のCOD，粘土・シルト含有量の関係を図3·19に示す．前述したように，底生生物が安定的に生息するまでに約1年の遷移期間が必要であることから，1年以前と1年以降で分けてデータを示した．

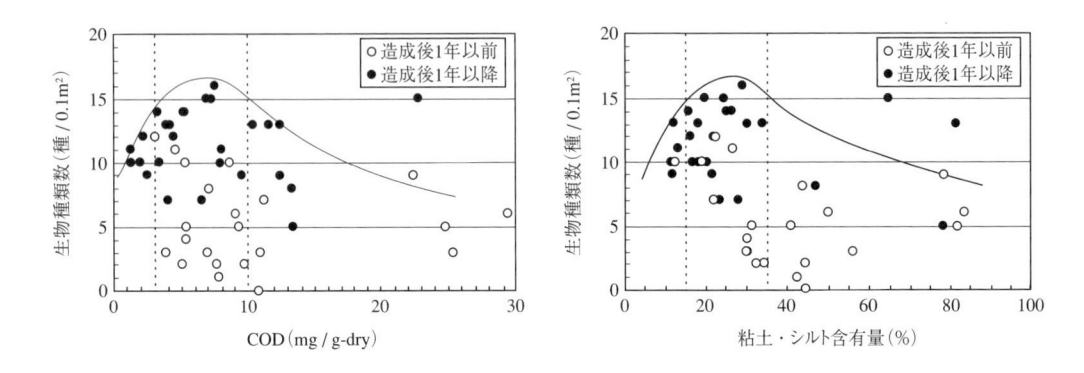

図3·19 底生生物の種類数と干潟土壌のCOD，粘土・シルト含有率の関係[39]

COD，粘土・シルト含有量の各項目ともに，底生生物の種類数の変動パターンはある範囲で極大値を示すことから，底生生物の生息にとって，干潟土壌の性状に最適条件が存在することがわかる．この傾向は，底生生物の個体数も同様な結果となる．図3·19によると，底生生物の生息に対する干潟土壌の最適条件は，CODで3〜10 mg/g-dry，粘土・シルト含有量で15〜35%の範囲であることが示された．すなわち，干潟土壌が多量の有機物を含むほど底生生物は減少する一方で，逆に，有機物含有量が少なすぎても底生生物の減少につながることを示している．特に，従来の人工干潟造成に多用されてきた清浄な砂質土に比べて，浚渫ヘドロを適度に混合した有機物を含む土壌の方が底生生物の生息に適していることが示されたことから，浚渫ヘドロを干潟の造成材に用いる意義が明確になった．

3·3 大規模干潟再生実験[40, 41]

英虞湾における小規模干潟実験の成果を受けて，三重県では平成15年度三重保全地区英虞湾漁場環境保全創造事業として，浚渫工事と干潟造成工事が一体となった環境再生事業

を実施した．その内容は，英虞湾の片田地区において海底に堆積したヘドロを浚渫し，その一部を立神地区に運搬して現地盤土と混合攪拌して干潟造成を行うものであり，小規模干潟実験の約30倍の規模となる面積3,000 m²の大規模干潟が造成された．また，2004年（平成16）年度にはさらに面積4,200 m²の大規模干潟が追加造成された．これらの事業は，ヘドロ浚渫による汚染源の除去と，その浚渫ヘドロを利用した干潟造成による環境再生が一体化した環境事業の新展開と言える．また，干潟造成地の沖側には約1,000 m²のアマモ移植を実施した．

　造成した大規模干潟の平面図を図3・20に，完成した干潟の状況を図3・21に示す．干潟実験区は3つに分かれており，浚渫ヘドロの混合率が30％の実験区①，および，③とヘドロ混合率が50％の実験区②である．干潟造成工事は，干潟造成範囲を貝殻土嚢で仕切る仕切工，浚渫ヘドロ，もしくは，混合土を所定の厚さで撒き出す撒出工，撒き出した浚渫土と現地盤土を混合攪拌する攪拌工で構成される．潮干帯が主とした施工場所となる人工干潟の造成工事は，施工時の潮位により気中・水中と施工環境が大きく変化する．そのため，浚渫ヘドロと砂質土を混合した人工干潟の施工には，気中・水中の全く異なる環境に対応した施工方法の確立が必要となる．そこで，設計にもとづいた最適混合率を確保した均質な干潟を造成するために，潮汐の影響，人工干潟の施工場所を考慮して，①陸域施工：ロータリースタビライザーを装着した泥上車により浚渫ヘドロと現地海底の砂質土を現位置で混合する方法（図3・22），②海域施工：浚渫ヘドロと砂質土を陸上混合ヤードで混合して造成する方法（図3・23），の2種類の工法で施工した．また，施工環境による違いを評価するため，それぞれの工法に対して気中・水中の条件を加えた．2003年度施工の実験区①と②では，陸域施工パターンとして浚渫ヘドロを先に撒き出した後に砂質土と浚渫ヘドロ

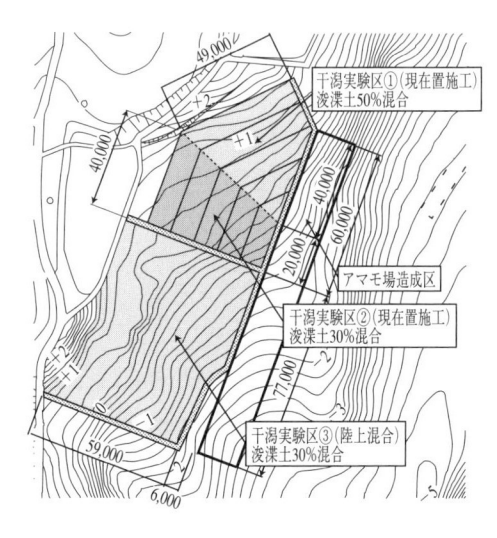

図3・20　大規模干潟造成区の平面図　　　　　図3・21　大規模干潟の完成状況

図3・22　ロータリースタビライザー付き泥上車による現位置混合の状況

図3・23　攪拌バケットによる陸上混合攪拌の状況

を現位置で混合した．2004年度施工の実験区③では，海域施工パターンとして陸上ヤードで浚渫ヘドロと砂質土を混合した後に主として海上施工により混合土を撒き出した．上記の2パターンの施工により，浚渫ヘドロと砂質土の混合攪拌工については現位置および陸上ヤードで施工法が確立し，混合後の干潟土の撒出工については陸域および海域での施工法が確立できたことになる．

3・4　事後モニタリング

今回造成した干潟については，三重県地域結集型共同研究事業「閉鎖性海域における環境創生プロジェクト」の中で，長期的に事後モニタリングが実施されている．現在，2003年度に造成した干潟は完成後約2年が経過しており，追跡モニタリングの結果によると，小規模干潟実験と同様に，底生生物の順調な増加が確認されている[40]．

三重県地域結集型共同研究事業は現在2つの研究テーマで構成されており，その1つの研究テーマである「新しい里海の創生」において今回造成した人工干潟の長期的な環境モニタリングを実施中である．特に，三重県，三重大，民間企業などの研究機関に加えて，地元で結成された団体である英虞湾再生コンソーシアムの協力を得ながら，科学的，かつ，継続的な追跡調査が実施されている．また，干潟のみならず，アマモ場の造成，干潟・アマモ場の物質循環なども主要な研究課題となっており，干潟・アマモ場の沿岸環境を取り巻く新技術が開発されつつある．また，もう1つの研究テーマである「英虞湾の環境動態予測」も推進中であり，浚渫ヘドロの固化や活用に関する新技術開発，英虞湾の環境をリアルタイムで観測し予報するシステムの開発などが進められている．この内，英虞湾のリアルタイム観測システムはインターネットでデータが公開されており，地元漁業者に広く使われている．（http://www.agobay.jp/agoweb/index.jsp）

上記のように，英虞湾では浚渫ヘドロを用いた干潟造成という新しい環境再生事業が具

体化し，さらに，英虞湾の環境を多面的に捉え新しい環境創生技術の開発を目指した産官学＋民の取り組みが進められており，今後の成果が期待される．

3・5 干潟造成技術の課題[42]

干潟造成の実績が増える中，干潟の水深，干潟土壌の底質，粒径に対する底生生物の生息状況については多くの知見が蓄積されてきたものの，解決すべき課題は数多く残されている（図3・24）．主要な検討課題として，干潟地形の維持については，圧密沈下，波浪による侵食の原因により造成直後から2，3年で大きく地形変化が生じて底生生物相が変化する場合があること[43]，干潟地形や土壌の特性として，干潟の透水性にとってテラス部の大きさを確保する必要があること[44]，干潟地盤の固さにより底生生物相が変化すること[45]，干潟の微地形に依存してシギ・チドリ類が摂餌行動を取ること[46]などがあげられ，従来考慮されていない干潟の造成諸元を整理し再検討する必要がある．また，施工技術についても，従来の埋め立て造成技術の準用ではなく，生態系再生の観点から干潟造成に特化した施工技術を開発する必要がある．

(上野成三)

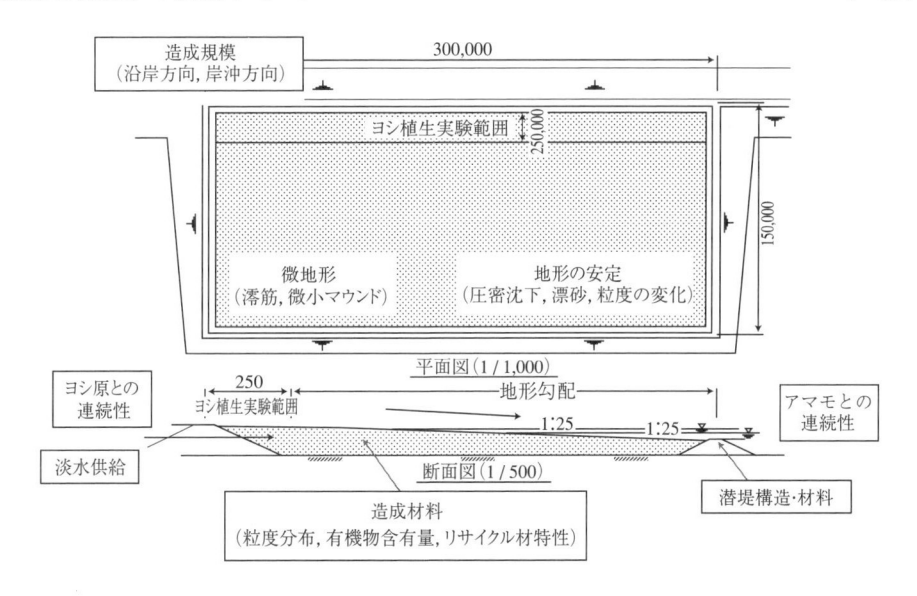

図3・24 干潟造成技術の課題[42]

4 アサリ増殖場造成

アサリ増殖場造成手法[47]を紹介する．

4・1 計画手法の概要

一般的な計画手順のフローおよび各項目の内容の例示を図3・25に示す．なお，他の増殖場造成計画同様，アサリ増殖場造成計画においても，計画区域におけるアサリに関する長

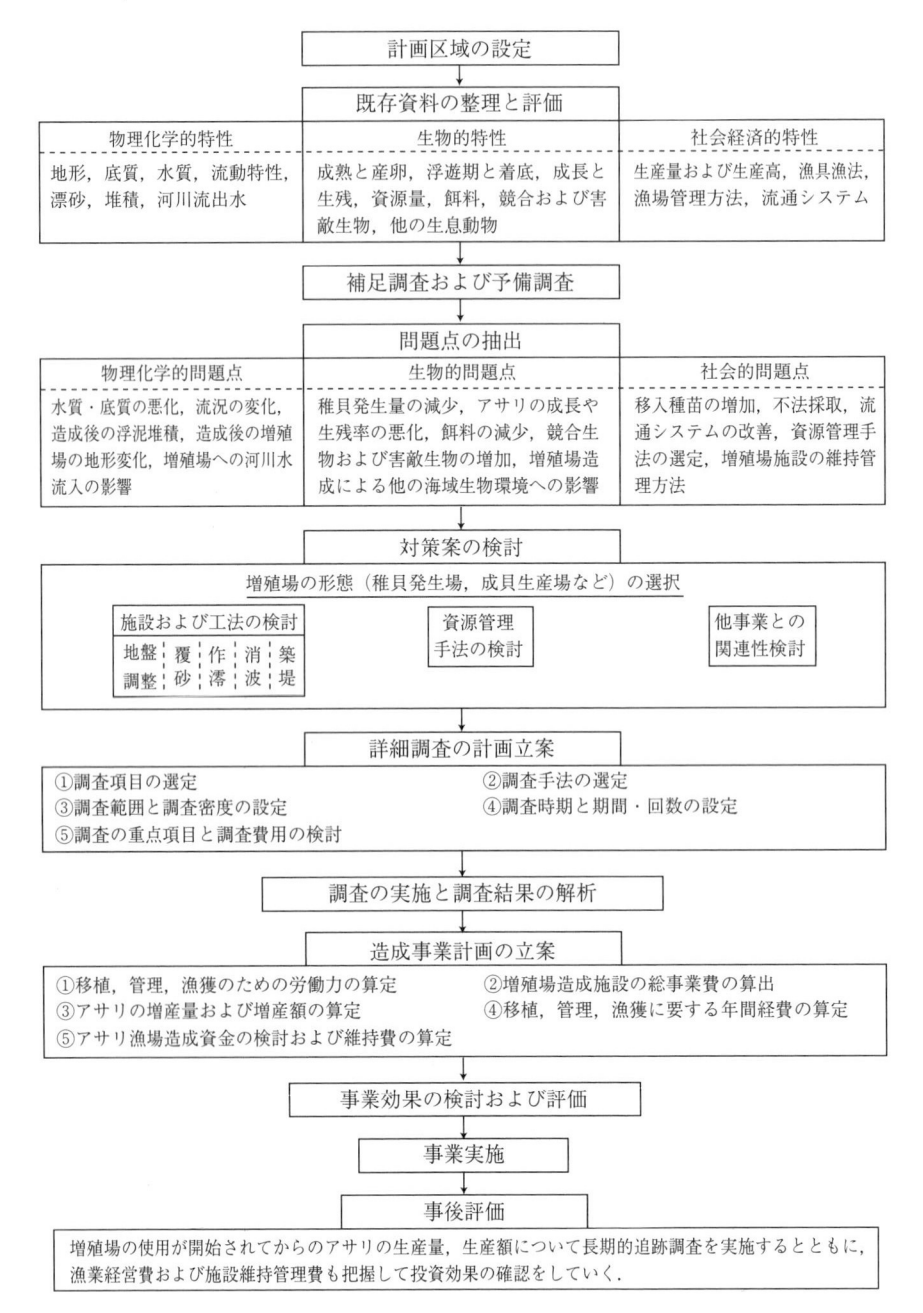

```
                    ┌─────────────────┐
                    │   計画区域の設定   │
                    └─────────────────┘
                              ↓
                    ┌─────────────────┐
                    │ 既存資料の整理と評価 │
                    └─────────────────┘
```

物理化学的特性	生物的特性	社会経済的特性
地形，底質，水質，流動特性，漂砂，堆積，河川流出水	成熟と産卵，浮遊期と着底，成長と生残，資源量，餌料，競合および害敵生物，他の生息動物	生産量および生産高，漁具漁法，漁場管理方法，流通システム

```
                    ┌─────────────────┐
                    │ 補足調査および予備調査 │
                    └─────────────────┘
                              ↓
                    ┌─────────────────┐
                    │   問題点の抽出    │
                    └─────────────────┘
```

物理化学的問題点	生物的問題点	社会的問題点
水質・底質の悪化，流況の変化，造成後の浮泥堆積，造成後の増殖場の地形変化，増殖場への河川水流入の影響	稚貝発生量の減少，アサリの成長や生残率の悪化，餌料の減少，競合生物および害敵生物の増加，増殖場造成による他の海域生物環境への影響	移入種苗の増加，不法採取，流通システムの改善，資源管理手法の選定，増殖場施設の維持管理方法

```
                    ┌─────────────────┐
                    │   対策案の検討    │
                    └─────────────────┘
            増殖場の形態（稚貝発生場，成貝生産場など）の選択
```

施設および工法の検討	資源管理手法の検討	他事業との関連性検討
地盤調整／覆砂／作澪／消波／築堤		

```
                    ┌─────────────────┐
                    │ 詳細調査の計画立案  │
                    └─────────────────┘
```

①調査項目の選定　　　　　②調査手法の選定
③調査範囲と調査密度の設定　④調査時期と期間・回数の設定
⑤調査の重点項目と調査費用の検討

```
                    ┌─────────────────────┐
                    │ 調査の実施と調査結果の解析 │
                    └─────────────────────┘
                              ↓
                    ┌─────────────────┐
                    │  造成事業計画の立案 │
                    └─────────────────┘
```

①移植，管理，漁獲のための労働力の算定　②増殖場造成施設の総事業費の算出
③アサリの増産量および増産額の算定　　　④移植，管理，漁獲に要する年間経費の算定
⑤アサリ漁場造成資金の検討および維持費の算定

```
                    ┌─────────────────┐
                    │ 事業効果の検討および評価 │
                    └─────────────────┘
                              ↓
                    ┌─────────────────┐
                    │    事業実施     │
                    └─────────────────┘
                              ↓
                    ┌─────────────────┐
                    │    事後評価     │
                    └─────────────────┘
```

増殖場の使用が開始されてからのアサリの生産量，生産額について長期的追跡調査を実施するとともに，漁業経営費および施設維持管理費も把握して投資効果の確認をしていく．

図3・25　アサリ増殖場造成計画の一般的手順

年の生物学的調査に基づく知見の蓄積なしに計画を考えることは難しい．

なお，計画に際しては，以下の点に留意する．

アサリ増殖場造成計画の区域選定にあたっては，水産研究者および漁業者の意見並びに既存資料から，なるべく広範囲に検討を行う．さらに，投資効果の検討や造成規模の選定によって，具体的事業計画区域を設定する．他の漁業との競合にも十分留意する．

アサリ漁場造成事業の事業効果の算定手法は，費用便益比率における便益の現在価値を求める式の値を妥当投資額とし，これと事業費の比（投資効率）が 1.0 以上の場合に事業投資が有効であると判定する．この判定のためにはアサリの増産効果の予測および事業投資額（維持管理費を含む）を算定する必要がある．

規模については，事業効果が上がる範囲で，漁協などの労働力で管理できる規模を標準とし，一般的には計画区域における漁家と一般世帯との所得格差の是正などから算出される当該地域の増産目標の全部もしくは一部を達成できる規模とする．

4・2　土木的増殖手法の選定

調査結果を踏まえて，着底稚貝の増大，または，移植放流を含めた生産量の増大に目標を置き，造成予定地の特性に応じて環境因子の改良を目的とした次のような生息環境の改善手法が考えられる．

（1）着底基質の布設

殻長 0.2 mm 程のフルグロウン期幼生が変態して着底すると，粗砂などに足糸で付着するといわれている．その後，殻長 5 mm 程度になるまで表層近くに分布し，この方法で個体の流亡を防いでいる．水の流動の大きい場所ではさらに大型の個体でも足糸を有する．着底を助長するには，海底表面に，場の流速に流されない大きさの粗砂を撒いて稚貝の着底を促すことがある．流動の激しい漁場では，付着基質を布設することにより稚貝の流亡も防ぐことができる．流れが速い干潟では，十分潜れるようになるまでは，成長するにつれてアサリに対する流体力が増加するため，対応する大きさの付着基質が必要となる．あずき粒くらいの小石を表面に撒布して稚貝の沈着に効果をあげた事例があるが，小石が埋没して効果を持続し難い．

（2）餌料供給量の増強

その場での餌料の生産量が少ない場合，植物プランクトンの漁場外からの補給，および漁場周辺での発生の促進策が検討課題となる．特に，アサリ生息密度の高い漁場では，餌は潮上で消費され，潮下では密度が低位となることが懸念される．そのような場合は，作

澪により直接，沖の水塊を供給することも有効な手段の1つである．また，同じ餌量濃度であっても，流速が大きい場合，供給量は大きくなると同時に沈降物が再懸濁して餌として供給されることも考えられる．さらに，波動現象は底面上の物質の移動を助長する働きがある．一方，限られた水域では，餌となる植物プランクトンが増殖する環境域を造成することも手段の1つであろう．

餌料の密度が多くてもそれを摂取できなければ，アサリの成長は鈍る．その原因の1つに，干潟の地盤高が高過ぎて干出時間が長いことによる摂餌可能時間の制約がある．この場合は干潟の削土も考慮する．

(3) 水質の改良

一般に，河川水の直接の影響を避けることが課題となる．この改良策として，河川水を干潟外に導く導流堤の設置や河口域の澪の浚渫，潟湖においては河口の拡張などが考えられる．また，下水処理水の干潟外放流と鉛直拡散促進工などの対策が考えられる．特に潟湖の水質改変に当たっては，他の生物などへの環境影響にも配慮する必要があろう．一方，湾の底層で貧酸素水塊が発生し漁場に進入する水域では，底質の改良，海水交換促進，地盤の嵩上げなどの対策が考えられる．

(4) 底土の安定と改良

アサリは砂泥域から礫混じり砂域まで生息するが，底土の移動が激しい所や浮泥中あるいは強い還元状態の泥中では生息できない．アサリは，底面の洗掘に対する露出防御運動や，土砂の堆積に対する浮上運動には，エネルギーの消耗が激しく，減耗も大きいとされる．この対策として，移動の激しい底土を安定させる方法には，波や流れを緩めて底面剪断力を小さくする手法や，動きにくい底質に変える手法が採られる．流れのみでなく波の場においても砂粒子の移動の判別方法としてシールズ数が用いられるようになってきた．

軟弱層の底質環境を改良する手法としては覆砂などが行われる．他方，底質はアサリが潜ることができる程度の硬さとすることが必要で，この対策として底土の改良や耕転などがある．

(5) 地温変化の穏和

地温が高い場合は，エネルギーの消耗も激しく，長時間放置すると死亡率も高い．高温による死亡原因の大半は地盤の干出である．干出時間を短くすること，地温の低い深さまで潜れるように地盤を柔らかくすること，浸透水を導くこと，外海水を導いて水温を下げることなどの対策が考えられる．また，寒冷時は干出時に急冷却される心配があるが，この対策についても同様のことが考えられる．

(6) 浮遊幼生と稚貝の拡散防止

一般にアサリは海水交換率の小さい，かつ，波浪の小さい水域に生息する．その浮遊幼生は潮流とともに移動する．このため，漁場とならない不適切な環境域に流亡する機会が多い．これを少なくするために，水の交換量の適正化が対策として考えられる．

また，着底後の初期稚貝は，小さくかつ潜砂深度も小さいため，波浪や潮流が大きい場合は流されやすい．この対策として，移動しにくい粗砂による客土や消波堤による移動抑制が考えられるが，消波堤の設置は潮流や波，海浜流などの流動環境に大きい変化を与えることを考慮すべきである．

4・3 造成施設および工法の選定

アサリ増殖場造成手法の選定に際し，次のような施設および工法が考えられる．

(1) 地盤高調整

漁場の地盤高はアサリの生息に適する高さで，かつ，維持管理や採捕手段も考慮した高さとする．また，競合生物や食害生物の生理・生態を考慮するとともに，ノリなどほかの水産生物の生産にも配慮する．

アサリの生息水深帯は干潟全域および潮下帯に及ぶが，その分布量や成長速度には差がある（成長は干潟の沖方の低い干潟のほうが速い）といわれている．造成漁場の地盤高により干出時間が異なるため，アサリの摂餌可能時間や地温，土中への空中酸素の供給量，波動流速も変わる．また，稚貝の発生場所は比較的干潟の沖方に多いことや稚貝は干出に弱いことから，成育段階にも配慮する必要がある．収穫方法として，動力船を用いるなら水深が大きくてもよいが，手堀りは地盤高と潮汐（干潮時間）から採捕時間が制約される．腰巻ジョレンの漁場はその中間の高さとなる．

干潟は河川からの流入土砂で造られ，その高さは流下土砂量と波・流れによる搬出量のバランスのうえに成り立っている．地盤高は，施設として維持管理に費用が掛からないよう，地盤高の変化が少ない高さや形状とすることも必要であろう．

近年，造成されたアサリ漁場の造成高を図3・26に示す．一般に夏季の大潮時干出時間が4時間以内，最近は北海道を除き，3時間以内となっているが，移植先として高地盤域に造成され好成績を納めている例もある．盛砂工法は周囲より高くなるため，流れや波がある場合，侵食されやすい一方，シルト粘土の堆積が少ない．また，盛砂厚が大きい場合，下層に浚渫土，上層に良質な砂を敷く工法が採られることもある．

盛土の周囲を囲う場合と一定傾斜斜面に仕上げる場合とがある．囲いがない場合，周辺部より侵食・堆積を生じやすい．囲いにはコンクリートブロックや土嚢積みなどが用いら

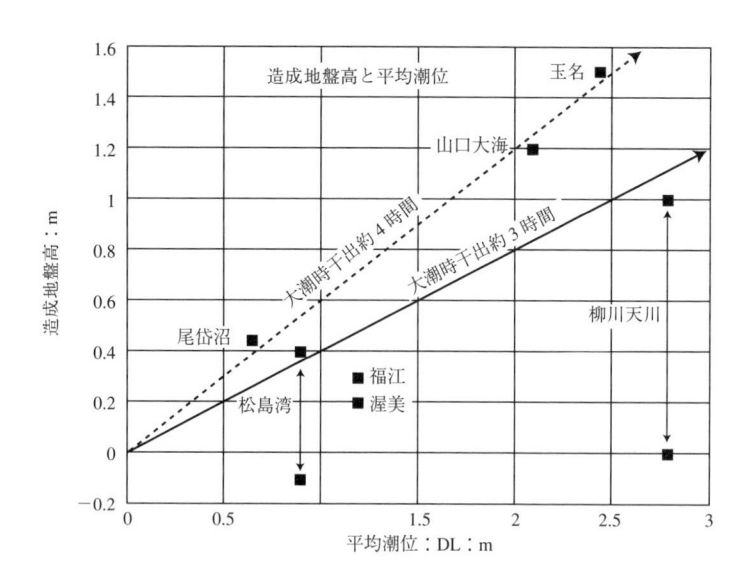

図3・26 アサリ漁場の造成地盤高と平均潮位の例

れているが，盛土の吸い出しや前面の洗掘に配慮する必要がある．

(2) 底質改良

底質改良は，現状で不適切な底質を，幼貝の育成場，成貝の増殖場，あるいは母貝の育成場とするため，その目的にあった底質に改良することである．

漁場の底質は流れや波および周囲の底質の影響を受けやすいため，造成には一定以上の広さと層厚が必要であり，良好な底質を維持するには漂砂対策や管理方法も含めて計画を検討する必要がある．

底質は，流れによってもたらされた移動物質が一時的に堆積したものであるため，部分的に底質を改良しても，時間が経てばまた元の状況に戻っていく．底質を根本的に変えるには，同時に流動現象を変えるか，流入微粒子を少なくすること，および維持管理を適切に行うことが必要である．漁場に流入する土砂のシルト粘土量を勘案して底質改良を検討する．

改良土層厚については，アサリの潜砂深度を確保することのほか，砂が流出したり，下層と混合したりして表層から減少することを考慮するとともに，下層からのアサリに対する硫化物など有害物質の溶出を抑える土層厚とする必要がある．一般に30 cm以上の層厚が採用されている．また，下層との混合を防止するため，土木安定シートの上に40～50 cmの覆砂を行った例がある．

(3) 作澪

　干潟域外からの海水を円滑に導くため，あるいは干潟域外へ悪水を早急に排除するために，作澪工が施工される．干潟上の流量配分を考慮して通水断面積と法線の配置を決定する．

　作澪工は，沖からの餌を漁場の奥まで供給することができると同時に，河川から流入した淡水や干潟で熱せられた高温水を速く排除できる．閉鎖性の浅い湾では，作澪によって湾奥まで海水交換率を大幅に改善することができる．作澪は物質輸送を促進するが，浮遊幼生や餌料の流出についての検討も忘れてはならない．

　また，河川流や潮流の掃流力に頼れない干潟域に人工的に設けた澪は自然維持が困難である．全流量が一定の場合，水量が澪に集まることにより，干潟上を流れる水量が減少し，干潟上の流速が落ちることがある．そのため，澪部周辺の底質を砂・シルトなどの清浄な状態に保つことができる一方，干潟上の底質の悪化を招くおそれがあることも考慮する必要がある．

　閉鎖性で全体が浅い湾では，澪の配置は葉脈状にする場合が多い．その通水断面は，流量配分と所要流速から決定される．航路としても利用される場合は，そのための水深の確保も重要である．水路途中に緩流部を設けると土砂の堆積が生じることにも配慮する必要がある．

　河口の通水断面を拡張することは，河川水の排除を速やかにし，干潟域への拡散を抑止するために有効であるが，その通水断面積の維持は，洪水流量またはタイダルプリズム（潮汐による海水の出入り量）に依存しているので，摩擦速度が落ちると維持浚渫量が増大するおそれがある．また，河川水の拡散領域の干潟に，沖への澪を造ることは淡水の導水を助長することに成り兼ねないので，淡水被害の拡大を招かないよう注意することが必要である．

　造成事例としては，愛知県福江地区，宮城県松島湾のほか，静岡県浜名湖，山口県大海湾，熊本県熊本市地区などがあげられる．

　沖の潮流が卓越する干潟上では，干潟上を海岸に平行に潮流が流れるが，この流れを利用するための海岸に平行な澪も流速増大と物質運搬のためには有効である．

(4) 消波施設

　消波施設は，波を小さくするに留まらず，底土や稚貝の移動を抑える効果がある．しかし，それによる逆効果もあるため，適切な波高となるよう計画にも配慮する．また，流れを妨げないような構造とすることが要求される．

　消波堤の機能は堤背後の波を静めることは当然であるが，このため浮遊幼生の沈降を促し，底土の移動を少なくし底面の変化を抑え，堆積方向に変える．したがって，移動しや

すいアサリ稚貝の流出を抑えることや地盤の移動を抑えることは，潜砂能力の低いアサリにとって有効である．しかし，短所として，波高が減少する部分に土砂が堆積し，静穏度がよいと，最も波高が小さい部分にシルトや粘土，有機物が沈殿する．このため底質の悪化が生じる．

また，出水後，干潟に堆積したシルトや粘土を払う力が弱まり，底質の回復ができなくなるおそれがある．

底土移動の激しい漁場では消波堤設置により，変動を緩らげることができる．ただし，この設置により，砂の干潟上の移動経路を遮断しないこと，およびシルト・粘土が沈殿したままにならないよう配慮する．

適用可能な工法としては，消波ブロック式傾斜堤，カーテン式消波堤，浮消波堤など潮位が高いときに有効で，通水性のよい構造が適する．また，ノリ網のような平面的工作物も摩擦抵抗により消波効果を果たしている．

(5) 築堤（導流堤）

潮流を弱くして稚貝の沈着を促進するため，あるいは，河川からの淡水の干潟域への拡散を抑えるために築堤が行われる．

着底促進の目的で流れの滞留域を設けるため築堤を行う場合，流れに直角に堤を造るとその背後の流速は小さくなる．また，堤頂が水中に没している潜堤を築造すると堤高の背後10倍程度まで流速が落ちる．施工直後は着底稚貝数は周辺より良好であるが，泥の微粒子の沈着も同時に促進されるため，漁場の老化を招くおそれがある．このため，稚貝の集積を促進するとともに，底質を泥化しないで適正な粒度組成に変える技術の例として低いハの字型導流堤がある．また，笹竹で囲いを施したとき，囲いの周辺に砂の堆積と同時に稚貝の発生を見た例もある．

このほか，堤を流れに沿って造り，流れの方向や拡散を制御する工法があり，河口部の導流工法がその代表例である．洪水流の干潟への侵入防止や河口航路の維持を目的に造られることがあるが，干潟への土砂，特に砂の供給が絶たれ干潟が侵食される心配がある．

4・4 造成による物理環境変化の予測

アサリ漁場を造成する場合は，波や流れ，砂床の変動，底質の変化，水質，餌料や浮遊幼生の移動，地温など必要な項目について，施設などの造成による変化を予測し，漁場としてふさわしい場となるよう適切に計画する必要がある．

(1) 波, 流れ

　波は，アサリ漁場となっている干潟では一般には小さい．漁場の沖までは，フェッチ波または湾口からのうねりとして計算することができる．消波堤の設置や地形の大幅な変化により波浪の大きさや向きは変わる．消波堤による波浪の減衰は，遮蔽効果を考慮し，消波堤が波を透過する形式の構造（透過式消波堤，潜堤，浮消波堤）では，その透過効果を合わせて算定する．地形変化による波浪の変化としては，地盤高の変更，水路の開削・浚渫などがあるが，これらは，波の屈折効果，砕波減衰あるいは海底摩擦減衰を算定する．単純なものは図的解法，高い精度を要求される場合は，波浪水槽模型実験や波浪変形数値シミュレーションが用いられる．

　流れについては，通常時，潮汐流が支配的であり，構造物や地形の変化にともなう潮流は，数値シミュレーションを用い予測することができる．地形の変動やアサリの流亡を生じるような異常な流れは，激浪時，または洪水時に主に発生する．激浪時は波動とともに海浜流が大きく，底土を巻き上げ移動させる．この予測にも2次元（平面）数値シミュレーション手法が開発されている．また，大河川の澪筋では河川流の拡散が問題となる．局部的変化は各種の算定式が用いられ，全体的予測には平面流数値シミュレーションや潮汐水槽模型実験が用いられる．

(2) 砂床変動, 底質

　底質と地盤高変動は流動と供給される土砂により決定される．限られた干潟の区画への砂の搬入量と搬出量の差が堆積量・侵食量となる．漂砂量を支配する因子は波動，流れおよび土砂の粒径分布である．波動と流れを合わせた流動が大きい所は粒径が粗く，侵食傾向となる．また，流動の小さい所には微粒子（シルト・粘土）が堆積する．

　砂浜海岸では，波，流れのシミュレーション結果を基に，砂の地盤高変化は漂砂量公式と質量保存則より予測計算がなされる．しかし，シルト粘土の多い河口干潟域では粘性効果や粒子の凝集効果も大きいため，予測法はまだ確立されているとはいえない．

(3) 水質

　水質で問題となる要素は塩分濃度と濁度であろう．すなわち，河川からの出水対策を計画する時，河川水の移流・拡散の予測が問題となる．そのほか，都市下水，農薬や銅イオンなどの有害物質の拡散が問題となることもある．

　干潟上の2次元的流れによる水質解析は，拡散方程式を用いて推算することができる．しかし，水質問題を検討する場合，塩分や泥分に顕著な鉛直変化が認められる場合が多いため，3次元的流れの数値解析を必要とする場合が多い．例えば，低酸素水塊が，成層解消時期の秋に干潟まで侵入して被害をもたらすことも生じている．この低酸素水塊の挙動を3

次元的流れの問題として予測することができるが，外力として風の剪断力を導入する必要がある．特に，河口域の水質と流動は河川水と潮汐により鉛直的変化と時間的変動が大きい．このような場での3次元流体力学モデルを用いてアサリ稚貝の発生を予測する試みも行なわれている．ただし，この数値解析は複雑であるため，現地に一般的に適用することは困難なことが未だ多い．

(4) 餌料，浮遊幼生

餌料や浮遊幼生の量は，アサリ増殖場への流入量，流出量，生産量（発生量），消費量（減耗量）により決定される．このうち餌料や浮遊幼生の流入量と流出量は，それぞれ海水流量と浮遊幼生密度の積で算定される．

餌料の生産量については，餌料を植物プランクトンと仮定すると，その増殖要因，すなわち，現存量を基として栄養塩，光量，水温，塩分などを考慮する．また，餌料の消費量については，二枚貝や動物プランクトンによる植物プランクトンの摂餌などを考慮する．

浮遊幼生の発生量は，母貝の産卵量とその受精率によって決定される．同減耗量は，自然死亡のほか，大型二枚貝や動物による捕食量などを考慮する．

作澪や堤など施設の効果範囲を調べるための手法としては，漁場全体をメッシュ状に仕切った微小要素に分け，前述の収支と生産・消費計算を行う．すなわち，微小要素ごとに運動方程式と連続式から海水の流量分布を微小時間間隔で求める．その量から微小要素ごとに餌料や浮遊幼生の流入，流出量および発生・消費量を計算し，これを繰り返して餌料や浮遊幼生の分布量を求めることができる．しかし，浮遊幼生は孵化してから着底までは2～3週間かかり，その期間，湾内の流れが3次元的に変化し，浮遊幼生も鉛直的に運動するため，浮遊幼生の発生から着底までを予測することは難しい．現段階では，造成漁場周辺について，その境界条件などを仮定して，生態的仮説を検証しながら造成の効果を比較することは有効であろう．

(5) 地温予測

アサリ漁場を造成する時，漁場地盤高の決定は重要な設計条件となる．この漁場地盤高と干潟温度との関係を推定するための数値モデルが試作されている．深さ方向に1次元の土層を想定して，気温，雲量，湿度，水温，時期，潮位を入力とし，日射や風により供給される熱が地中に伝達される構成となっている．これを用いて，干潟の高さごとの地温の深さ別時間変化を推定できる．

4·5 アサリ造成漁場の管理

アサリ造成増殖場の効果を高めるため，漁場利用状況，成育状況と資源状況，成育環境と施設状態などの調査・分析を行い，適正な漁場利用管理および成育環境・施設維持の管理を行う必要がある．

アサリ増殖場の目的は，浮遊幼生の着底の促進，稚貝や産卵母貝の保護，成長の促進などを図るため，成育環境を人為的に改善し，安定的な再生産の維持や生産量の拡大を図ることにある．

しかしながら一般的に，造成されたアサリ増殖場は，造成後数年は効果が持続するが，適切な維持・管理などが行われなかった場合，年数を経るに従い造成漁場が荒廃するなど増殖効果が落ちてくる．その原因として，施設の埋没・移動・破損，底質の悪化，害敵生物の侵入および無計画な漁場利用から生じる資源減少などが考えられる．造成漁場の効果を維持するためには，施設の適切な維持管理と併せて計画的な漁場利用が必要であり，これらを有機的に組み合わせた増殖場の「管理」が不可欠である．このためにも，管理の主体を明確にし，必要な管理を実施していくことが必要である．

〔武内智行〕

文　献

1) 国土交通省・環境省：東京湾の干潟の生態系再生研究会報告書，2002，6p
2) 東京湾再生推進会議：東京湾再生のための行動計画，2003．
3) 国土交通省関東地方整備局千葉港湾事務所Webページ（2005）：
http://www.pa.ktr.mlit.go.jp/chiba/revive/index.html
4) Suzuki, T.：Oxygen-deficient waters along the Japanese coast and their effects upon the estuarine ecosystem, *J. Environ.Qual.*, **30**, 291-302（2001）．
5) Suzuki, T. and Y. Matsukawa：Hydrography and budget of dissolved total nitrogen and dissolved oxygen in the stratified season in Mikawa bay, Japan, *J. Oceanogr. Soc. Japan*, **43**, 37-48（1987）．
6) 青山裕晃：三河湾における海岸線の変遷と漁場環境，愛知水試研究報告，**7**，7-12（2000）．
7) 青山裕晃・鈴木輝明：干潟上におけるマクロベントス群集による有機懸濁物除去速度の現場測定，水産海洋研究，**61**，265-274（1997）．
8) 武田和也・石田基雄：土砂採取に伴う浚渫窪地における顕著な貧酸素化現象について，愛知水試研究報告，**10**，ページ未定（2003）
9) 鈴木輝明・青山裕晃・甲斐正信・今尾和正（1998）：底層の貧酸素化が内湾浅海底生生物群集の変化に及ぼす影響，海の研究，**7**，223-236（1998）．
10) 鈴木輝明・青山裕晃・甲斐正信：三河湾における貧酸素化によるアサリ（Ruditapes philippinarum）の死亡率の定式化，*J. Adv. Mar. Sci. Tech. Soci.*, **4**, 35-40（1998）．
11) Cloern, J. E.：Does the benthos control the phytoplankton in South San Francisco Bay? *Mar. Ecol. Prog. Ser.*,

9, 191-202 (1982).

12) Officer, C.B., T. Smayda and R. Mann : Benthic filter feeding: a natural eutrophication control. *Mar. Ecol. Prog. Ser.*, **9**, 203-210 (1982).

13) Cohen, R. R., P. V. Dresler, E. J. P. Phillips and R. L. Cory : The effect of the Asiatic clam Corbicula fluminea on phyto plankton of the Potomac River, *Maryland. Limnol. Oceanog.*, **29**, 170-180 (1984).

14) Carlson, D. J., D. W. Townsend, A. L. Hilyard, and J. F. Eaton : Effect of an intertidal mudflat on plankton of the overlying water column, *Can. J. Fish. Aquat. Sci.*, **41**, 1523-1528 (1984).

15) Alpine, A. E. and J. E. Cloern : Trophic interactions and direct physical effects control phytoplankton biomass and production in an estuary, *Limnol. Oceanogr.*, **37**, 946-955 (1992).

16) 鈴木輝明・市川哲也・桃井幹夫：リセプターモードモデルを利用した干潟域に加入する二枚貝類浮遊幼生の供給源予測に関する試み－三河湾における事例研究－, 水産海洋研究, **66**, 88-101 (2002).

17) 石田基雄・小笠原桃子・村上知里・桃井幹夫・市川哲夫・鈴木輝明：アサリ浮遊幼生の成長に伴う塩分選択行動特性の変化と鉛直移動様式再現モデル, 水産海洋研究, **69**, 73-82 (2005).

18) 鈴木輝明・青山裕晃・甲斐正信・畑　恭子：貧酸素化の進行による底生生物群集構造の変化が底泥－海水間の窒素収支に与える影響－底生生態系モデルによる解析－, *J. Adv. Mar. Sci. Tech. Soci.* **4**, 65-80 (1998).

19) 愛知県漁業協同組合連合会：提言「愛知県の沿岸漁場環境を改善するために」, 1996, 8pp.

20) 愛知県漁業協同組合連合会：愛知県の漁場環境修復策としての干潟, 浅場の造成について, 1997, 11pp.

21) 今尾和正・鈴木輝明・浮田達也・高部昭洋 (2003)：底生動物の出現傾向から見た人工干潟の効果評価, 水産工学, **40**, 29-39.

22) Yamashita Y., H. Yamada, H. Tamaki, T. Kawamura and Y. Tsuruta : Occurence, distribution and utilization of nursery grounds of settling and new settled flounder Platichths bicoloratus, in Sendai Bay. *Bull. Tohoku Natl. Fish. Res. Inst.*, **62**, 61-67 (1999).

23) 原田和弘・反田　実・山本　強：ガザミの干潟調査, 平成10年度兵庫水試事報, **60**, (2000).

24) 原田和弘・反田　実・谷田圭亮・山本　強：ガザミの干潟調査, 平成11年度兵庫水　試事報, **62**, (2000).

25) 鈴木輝明・青山裕晃・中尾　徹・今尾和正：マクロベントスによる水質浄化機　能を指標とした底質基準試案－三河湾浅海部における事例研究－, 水産海洋研究, **64**, 85-93 (2000).

26) 鈴木輝明・寺澤知彦：富栄養化海域における貧酸素水塊の数値解析による再現と工学的改善効果の検討－伊勢・三河湾における事例研究－, *J. Adv. Mar. Sci. Tech. Soci.*, **3**, 81-102 (1997).

27) 鈴木輝明：内湾の富栄養化研究における生態系モデルの効用と問題点, 海洋と生物, **118**, 381-389 (1998).

28) 潮崎俊也：三河湾の海域環境改善, 沿岸の環境圏 (平野敏行 監修), フジテクノシステム, 1998, pp.1169-1184.

29) 今尾和正・鈴木輝明・青山裕晃・甲斐正信・伊藤永徳・渡辺　淳：貧酸素化海域における水質浄化機能回復のための浅場造成手法に関する研究, 水産工学, **38**, 25-34 (2001)

30) 青山裕晃・甲斐正信・鈴木輝明・中尾　徹・今尾和正：三河湾における貧酸素によるアサリ (Ruditapes philippinarum) の死亡率の定式化Ⅱ, *J. Adv. Mar. Sci. Tech. Soci.*, **5**, 31-36 (1999).

31) 反田　実：漁場の海洋環境, 内湾漁場, －イカナゴと底質, 沿岸の環境圏 (平野敏行監修), フジテクノシステム, 1998, pp.348-355.

32) 門谷　茂・張　志保子：瀬戸内海の海砂利採取に伴う高濁度排水の排出による環境影響, 瀬戸内海, **22**, 32-36 (2000).

33) 佐々木克之：干潟と漁業生物 2．内湾および干潟における物質循環と生物生産，28，海洋と生物，118，404-409（1998）．
34) 石原義剛：論談みえ，木曽岬"海拓"，海に戻して環境復活を，朝日新聞2001.4.12．
35) 国分秀樹：英虞湾における干潟の消失と人工干潟造成，英虞湾の再生を考えるシンポジウム2005講演集，2005．
36) 上野成三・高橋正昭・原条誠也・高山百合子・国分秀樹：浚渫ヘドロを利用した資源循環型人工干潟の造成実験，海岸工学論文集，第48巻，2001，pp.1306-1310．
37) 上野成三・高橋正昭・高山百合子・国分秀樹：浚渫土を用いた干潟再生実験における浚渫土混合率と底生生物との関係について，海岸工学論文集，第49巻，2002，pp.1301-1305．
38) （財）三重県産業支援センター：三重県地域結集型共同研究事業，－閉鎖性海域における環境創生プロジェクト－，平成16年度研究成果発表会講演集，2004，34p．
39) 国分秀樹・奥村宏征・上野誠三・高山百合子・湯浅城之：英虞湾における浚渫ヘドロを用いた干潟造成実験から得られた干潟底質の最適条件，海岸工学論文集，第51巻，2004，pp.1191-1195．
40) 国分秀樹・奥村宏征・上野成三・高山百合子・湯浅城之：英虞湾における浚渫ヘドロを用いた大規模造成干潟の底質と底生生物の特性について，海岸工学論文集，第52巻，2005，pp.1196-1200．
41) 片倉徳男・高山百合子・上野成三・小林峯男・国分秀樹・奥田圭一：浚渫ヘドロを用いた干潟再生工法におけるヘドロ混合の設計・施工計画，海洋開発論文集，第30巻，2005，pp.885-890．
42) 上野成三：沿岸環境の修復・再生技術の動向，2005年度（第41回）水工学に関する夏期研修会講義集，Bコース，土木学会水工学委員会，海岸工学委員会，2005，pp.B-8-1～B-8-23．
43) 桑江朝比呂：造成された干潟生態系の発達過程と自律安定性，土木学会論文集，No.790／Ⅶ-35，2005，pp.25-34．
44) 姜閏求・高橋重雄・奥平敦彦・黒田豊和：自然および人工干潟における地盤の安定性に関する現地調査，海岸工学論文集，第48巻，2001，pp.1311-1315．
45) 中瀬浩太・林 英子・芝原達也：市民参加による人工干潟の環境管理，日本沿岸域学会研究討論会2000後援概要集，No.13，2000，pp.14-17．
46) 越川義功・田中昌宏・林 文慶・上野成三・高山百合子・勝井秀博：水鳥の生活行動パターンからみた沿岸湿地帯における微地形の重要性，水工学論文集，第48巻，2004，pp.1315-1320．
47) 全国沿岸漁業振興開発協会：沿岸漁場整備開発事業増殖場造成計画指針ヒラメ・アサリ編（平成8年度版），1997．

索　引

〔ア行〕
IBI　70
英虞湾　119
アサリ増殖場造成　127
アマモ場　42
アメニティ環境　7
維持管理システム　59
埋め立て　106
影響フロー図　57
HEP　70
HGM　70
栄養塩　17
塩性湿地　16

〔カ行〕
回廊（Coridor：コリドー）　31
環境機能評価法　70
環境修復　111
環境への配慮　53
嫌気性生物　21
嫌気的環境　5
懸濁物（濾過食性）食者　22
好気性生物　21
好気的環境　5
高炉水砕スラグ　117

〔サ行〕
砂質干潟　16, 23
サブシステム　24
酸化還元電位　17
自然再生　64
持続的な環境　53
地盤高　68
循環流工　15
浚渫ヘドロ　120
順応的管理　69
浄化機能　32
人工干潟　119

水産有用種　112
スクリーニング　101
砂浜河口干潟　10
生態系のサブシステム　24
生態系評価手法　68
生物機能評価法　75
生物多様性　54
潟湖干潟　10
造成基質　117

〔タ行〕
堆積物食者　22
多元的機能　1
脱窒反応　6
WET　70
泥質干潟　16, 23
底生生態系モデル　110
東京湾　96
統合沿岸域管理　98
導流堤　12
土留堤　66

〔ナ行〕
ナーサリー　28

〔ハ行〕
干潟間のネットワーク　29
干潟再生　96
干潟生態系モデル　32, 40
干潟の安定　65
貧酸素　2
貧酸素化　105
覆砂　95
付着珪藻　4
物質循環モデル　18
ふれあいの場　50
ボックスモデル　31

〔マ行〕

澪筋　1
澪筋工　15
無酸素　2
藻場　27

盛砂　95

〔ラ行〕

リセプターモードモデル　107
硫化物　17

環境配慮・地域特性を生かした
干潟造成法（ひがたぞうせいほう）

2007年3月15日　初版1刷発行

中村　充・石川公敏　編ⓒ
（なかむら　みつる）（いしかわきみとし）

発行者　片岡一成
印刷・製本　（株）シナノ

発行所　株式会社　恒星社厚生閣
〒160-0008　東京都新宿区三栄町8
Tel 03-3359-7371　Fax 03-3359-7375
http://www.kouseisha.com/

（定価はカバーに表示）

ISBN978-4-7699-1060-2 C3051

瀬戸内海を里海に
瀬戸内海研究会議 編
B5判/118頁/並製/定価2,415円

自然再生のための単なる技術論やシステム論ではなく，人と海との新しい共生の仕方を探り，「自然を保全しながら利用する，楽しみながら地元の海を再構築していく」という視点から，瀬戸内海の再生の方途を包括的に提示する．豊穣な瀬戸内海を実現するための核心点を簡潔に纏めた本書は，自然再生を実現していく上でのよき参考書．

里海論
柳 哲雄 著
A5判/112頁/並製/定価2,100円

「里海」とは，人手が加わることによって生産性と生物多様性が高くなった海を意味する造語．公害等による極度の汚染状態をある程度克服したわが国が次に目指すべき「人と海との理想的関係」を提言する．人工湧昇流や藻場創出技術，海洋牧場など世界に誇る様々な技術に加え，古くから行われてきた漁獲量管理や藻狩の効果も考察する．

有明海の生態系再生をめざして
日本海洋学会 編
B5判/224頁/並製/定価3,990円

諫早湾締め切り・埋立は有明海の生態系にいかなる影響を及ぼしたか．干拓事業と環境悪化との因果関係，漁業生産との関係を長年の調査データを基礎に明らかにし，再生案を纏める．本書に収められたデータならびに調査方法等は今後の干拓事業を考える際の参考になる．各章に要旨を設け，関心のある章から読んで頂けるようにした．

水圏生態系の物質循環
T. アンダーセン 著／山本民次 訳
A5判/280頁/上製/定価6,090円

湖の富栄養化は世界中の深刻な問題である．本編では水圏生態学の基礎的知見に栄養塩循環と化学量論的概念を導入し，理論生態学を環境管理の予測ツールとし，生産性と食物網構造を記述，水圏のリン負荷から細胞内プロセス，食物網内での転送効率と生態系の安定性を明解した．T. Andersen著「Pelagic Nutrient Cycles」の全訳．

明日の沿岸環境を築く
環境アセスメントへの新提言
日本海洋学会 編
B5判/並製/220頁/定価3,990円

埋立て，干拓など開発事業による海洋生態破壊をいかに防ぐか．1973年発足以来環境問題に取り組んできた日本海洋学会環境問題委員会が総力を挙げて作成．第Ⅰ章過去の環境アセスメントの実例と新たな問題の整理．第Ⅱ章長良川河口堰，三番瀬埋立てなどの問題点．第Ⅲ章生態系維持のためのアセスメントの在り方．第Ⅳ章社会システムの在り方．

水産業における 水圏環境保全と修復機能
松田 治・古谷 研・谷口和也・日野明徳 編
A5判/上製/134頁/定価2,625円

水産学シリーズ132巻 従来，主として水域からの動物性タンパク質の供給事業として捉えられてきた水産業は，しかし多面的な機能をもっており，今日その環境保全ならびに環境修復機能が評価されてきている．本書は，これまで集積された漁獲・漁場環境データを基礎に，水産業の果たす役割と今後のあり方を提示する．

養殖海域の環境収容力
古谷 研・岸 道郎・黒倉 寿・柳 哲雄 編
A5判/141頁/上製/定価2,730円

水産学シリーズ150巻 過密養殖や過剰給餌などの環境負荷によって養殖漁場の環境悪化が問題となっている．この問題を打開していくためには，水圏の物質循環の知見を基礎に適切な養殖規模と方法の策定が必要だ．本書は海面養殖が直面する問題打開のための最新情報を提供する．

増補改訂版 微生物実験法
海洋環境アセスメントのための
石田祐三郎・杉田治男 編
A5判/208頁/並製/定価2,415円

本書は一般的な有機汚濁物質や有害物質による海洋汚染と富栄養化に焦点を当て，環境科学に係る実験・実習を行う際の好テキスト．生活環境保全に関する環境基準など最低限必要な項目を「基礎編」，より専門的なアプローチとして「応用編」を設け便をはかる．「海洋細菌の抗菌活性の測定」等，4項目を増補．

海の環境微生物学
石田祐三郎・杉田治男 編
A5判/239頁/並製/定価2,940円

海の環境汚染はより深刻になっている．本書は，こうした中で海の物質循環を支える微生物について，その種類，性質，役割を，また人工有機化合物などによる汚染の現状など基本的事柄をわかりやすくまとめ，かつ環境修復に応用可能な微生物についての基礎的知見と応用例などを紹介した海洋微生物学に関する入門書である．

環境ホルモン
水生生物に対する影響実態と作用機構
「環境ホルモン 水生生物に対する影響実態と作用機構」編集委員会 編
A5判/200頁/上製/定価3,360円

本書は農水省が推進した「農林水産業における内分泌かく乱物質の動態解明と作用機構に関する研究」（1999～2002年）にふまえ，これまで未解明であった内分泌かく乱物質による漁場環境，水生生物への影響を集約するとともに，新しく開発した技術を駆使し作用機構を明らかにした．今後の調査・研究に必須の内容．

価格表示は税込み